Martina Mangelsdorf

Von Babyboomer
bis Generation Z

Martina Mangelsdorf

Von Babyboomer bis Generation Z

Der richtige Umgang mit unterschiedlichen Generationen im Unternehmen

Externe Links wurden bis zum Zeitpunkt der Drucklegung des Buches
geprüft. Auf etwaige Änderungen zu einem späteren Zeitpunkt hat der Verlag
keinen Einfluss. Eine Haftung des Verlages ist daher ausgeschlossen.

Ein Hinweis zu gendergerechter Sprache: Die Entscheidung, in welcher Form
alle Geschlechter angesprochen werden, obliegt den jeweiligen Verfassenden.

Bibliografische Information der Deutschen Nationalbibliothek

Die Deutsche Nationalbibliothek verzeichnet diese Publikation in der
Deutschen Nationalbibliografie; detaillierte bibliografische Daten sind
im Internet über http://dnb.d-nb.de abrufbar.

ISBN 978-3-86936-672-2

Programmleitung: Ute Flockenhaus, GABAL Verlag
Lektorat: Susanne von Ahn, Hasloh
Umschlaggestaltung: Buddelschiff, Stuttgart | www.buddelschiff.de
Umschlagfoto: Goldenarts/shutterstock
Satz und Layout: Lohse Design, Heppenheim | www.lohse-design.de
Druck und Bindung: AALEXX Druck Produktion,
Thönser Str. 5a, D-30938 Burgwedel, info@aalexx.de

5. Auflage 2025

© 2015 GABAL Verlag GmbH, Schumannstraße 155,
D-63069 Offenbach, info@gabal-verlag.de

Wir drucken in Deutschland.

www.gabal-verlag.de
www.gabal-magazin.de
www.facebook.com/Gabalbuecher
www.x.com/gabalbuecher
www.instagram.com/gabalbuecher

Inhaltsverzeichnis

Vorwort

Herzlichen Glückwunsch! Sie haben sich entschieden, mehr über die verschiedenen Generationen im Unternehmen zu erfahren, um sie erfolgreich rekrutieren, motivieren und entwickeln zu können. Egal, ob Sie Personalreferent, Vorgesetzter oder Führungskraft sind: Wenn Sie die Mitarbeiter in Ihrer Organisation besser verstehen und anleiten können, werden sie es Ihnen mit mehr Einsatz und Engagement danken.

In den letzten Jahren hat besonders eine Generation Schlagzeilen gemacht: die viel diskutierte, manchmal belächelte und oft kritisierte Generation Y. Diverse Bücher, Artikel und Studien haben sich des Themas angenommen und dabei zahlreiche Tipps und Ratschläge für den richtigen Umgang mit dieser angeblich speziellen Generation erteilt. Sehr zum Leidwesen anderer, besonders älterer Generationen, die zum Teil neidisch, zum Teil verwundert feststellen mussten, dass um sie selbst nie so viel Aufhebens gemacht wurde. Das wird sich mit diesem Buch ändern, denn hier geht es nicht darum, eine einzelne Generation hervorzuheben. Im Gegenteil: Jede Generation trägt in ihrer Einzigartigkeit im Unternehmensalltag zur bunten Vielfalt bei – und das ist gut so.

Wodurch zeichnen sich die verschiedenen Generationen im Unternehmen aus? Wie motiviere ich Babyboomer, die kurz vor der Rente stehen? Welche Entwicklungsmaßnahmen eignen sich für die Vertreter der „Sandwich-Generation" X? Warum lohnt es sich, verwöhnte Ypsiloner zu rekrutieren? Und wer oder was ist eigentlich die Generation Z? Diese Fragen und vieles mehr beantwortet das vorliegende Buch und richtet sich somit an alle, die in ihrem Arbeitsalltag mit verschiedenen Generationen konfrontiert sind und im Umgang mit ihnen gerne effektiver wären. Auch ein Blick auf die eigene Altersgruppe mag mitunter Aha-Momente auslösen und neue Perspektiven aufzeigen.

An dieser Stelle sei vorausgeschickt, dass eine Auseinandersetzung mit dem Generationenthema nicht ohne Verallgemeinerungen auskommt. Nicht alle Vertreter einer Generation sind gleich, nicht auf jeden von ihnen treffen sämtliche Merkmale zu. Dennoch bleiben im Kollektiv gewisse Übereinstimmungen, die mittels Studien und Umfragen belegt wurden. Auf diese Gemeinsamkeiten wollen wir uns im Folgenden beziehen. Auch wenn der Lesbarkeit wegen nur die männliche Bezeichnung für Personen oder Gruppen gewählt wurde, dürfen sich Frauen und Männer selbstverständlich gleichermaßen angesprochen fühlen.

Dieses Buch hat nicht die Absicht, viel Theorie und Statistik zu vermitteln, sondern nützliche Tipps für den Arbeitsalltag zu geben. Basierend auf der Auswertung zahlreicher Quellen sowie eigenen Beobachtungen und Schlussfolgerungen finden Sie diverse praktische Anleitungen, wie Sie unterschiedliche Generationen erfolgreich und zielführend rekrutieren, motivieren und entwickeln können.

Viel Erfolg dabei wünscht

Martina Mangelsdorf

Demografie im Wandel

Bevor wir uns ausführlich mit den verschiedenen Generationen beschäftigen, ist es sinnvoll, sich vorab kurz den globalen demografischen Wandel und seine Auswirkungen auf Unternehmen und die Arbeitswelt vor Augen zu führen.

Schon lange ist in Deutschland von einer alternden Bevölkerung die Rede. Jeder kennt die Bilder der Bevölkerungspyramide, die sich inzwischen eher zu einer Raute verformt hat. Dabei wird das Fundament in den kommenden Jahren und Jahrzehnten immer schmaler, die Mitte wird umso breiter. Waren 1970 noch 30 Prozent der Bevölkerung unter 20 Jahren, werden es laut Demographie Netzwerk im Jahr 2020 lediglich 18 Prozent sein. Die Altersgruppe der über 65-Jährigen nimmt dagegen im gleichen Zeitraum von 14 auf 23 Prozent zu, Tendenz weiterhin steigend. Bereits seit mehr als zwei Jahrzehnten macht sich der demografische Wandel auch in den Unternehmen bemerkbar: Die Belegschaften altern deutlich. Bis 2050 sinkt die mittlere Altersgruppe der 30- bis 49-Jährigen von knapp über 50 auf unter 45 Prozent, während die Gruppe der über 50-Jährigen von rund 26 auf knapp 34 Prozent zunehmen wird.

Insgesamt sinkt die Anzahl der Erwerbspersonen in Deutschland bis zum Jahr 2030 um 2,9 Millionen und auch die Bevölkerung schrumpft. Während die Geburtenrate hierzulande über Jahre zurückging, ist sie in anderen Teilen der Welt angestiegen. So waren 2013 in Deutschland rund 13 Prozent der Bevölkerung jünger als 15 Jahre. In Asien waren es dagegen 25 Prozent, in Lateinamerika 28 Prozent und in Afrika sogar über 40 Prozent. Sieht man sich die verschiedenen Altersgruppen im internationalen Vergleich an, wird schnell klar, dass die eigentliche Masse der zukünftigen Arbeitskräfte aus den Schwellenländern und neuen Industrienationen kommt. Schon heute leben allein in China und Indien über 1,2 Milliarden Menschen unter 30 Jahren. Das sind fast 17 Prozent der Weltbevölkerung. Rechnet man Länder wie Brasilien, Indonesien und Nigeria dazu, ist die 20-Prozent-Grenze schnell überschritten. Zählt man die Top-10-Länder mit der größten Anzahl junger Menschen zusammen, kommt man auf mehr als die Hälfte der Weltbevölkerung – wobei die USA das einzige westliche Industrieland auf dieser Liste sind. Ohne weit in die Ferne schweifen zu müssen, zeigt sich bei näherer Betrachtung, dass selbst in der Europäischen Union die Länder Osteuropas im Durchschnitt einen höheren Bevölkerungsanteil an unter 30-Jährigen haben als Westeuropa.

So oder so, wir werden uns dem demografischen Wandel stellen müssen, sei es, weil der Wirtschaftsfaktor Arbeitskraft in Deutschland zur Mangelware wird, oder, weil uns die Bevölkerungswelle der Globalisierung überschwemmt. Dieser Umbruch ist im Ansatz bereits spürbar und beschäftigt Wirtschaft, Politik und Gesellschaft gleichermaßen. Auch Unternehmen tun gut daran, sich mit dem demografischen Wandel und der damit verbundenen Generationenvielfalt am Arbeitsplatz auseinanderzusetzen, denn die Konsequenzen sind weitreichend.

Wissensverlust Statistisch gesehen, geht der deutsche Durchschnitts-Babyboomer im Jahr 2022 in Rente. Anders ausgedrückt, werden in wenigen Jahren die Hälfte aller Babyboomer hierzulande im

Ruhestand sein. Dabei haben vor allem mittelständische und größere Unternehmen einen relativ hohen Anteil älterer Beschäftigter. Folglich werden hier in den kommenden Jahren mehr Personen altersbedingt ausscheiden. Um das kollektive Wissen, das diese erfahrenen Mitarbeiter sich im Laufe ihres Arbeitslebens angeeignet haben, aufzufangen, muss der Nachwuchs jahrelang lernen. Ohne strategisches Wissensmanagement und vor allem ohne die durchdachte Weitergabe von einer Generation zur nächsten ist das kaum zu bewältigen.

Der viel kommentierte Fachkräftemangel ist ein weiteres wichtiges Argument, sich mit den Bedürfnissen einzelner Generationen auseinanderzusetzen. Nicht nur die Rekrutierung von bereits qualifiziertem Personal bereitet zunehmend Probleme, auch die Zeiten des Überangebots an potenziellen Auszubildenden sind vorbei. Viele Firmen beklagen Probleme bei der Stellenbesetzung oder Nachfolgeplanung. Über die Hälfte der im Mittelstandsbarometer befragten Unternehmen müssen bereits Umsatzeinbußen hinnehmen, weil Fachkräfte nicht verfügbar sind. 15 Prozent der befragten Unternehmen sehen sogar erhebliche Einbußen von mehr als 5 Prozent ihres Jahresumsatzes. Auf Basis dieser Zahlen lässt sich ein wirtschaftlicher Schaden aufgrund fehlender Fachkräfte in Milliardenhöhe errechnen.

Fachkräftemangel

In jeder beliebigen Situation, in der Menschen mit verschiedenen Werten, Vorstellungen und Erwartungen aufeinandertreffen, ist ein gewisses Konfliktpotenzial enthalten. Der Arbeitsplatz bildet keine Ausnahme. Jede Generation bringt ihre typischen Verhaltensweisen, Ansichten und Kommunikationspräferenzen mit in den Job, was zu Spannungen und Unstimmigkeiten zwischen den Vertretern unterschiedlichen Alters führen kann. Diese Spannungen können offensichtlich oder unterschwellig sein, auf jeden Fall sind sie Gift für jedes Betriebsklima und für die Produktivität von Teams. Das Miteinander aller Beteiligten ist ausschlaggebend für den langfristigen Unternehmenserfolg.

Konfliktpotenzial

Generationen im Überblick Der Arbeitsalltag wird heutzutage in den meisten Unternehmen von vorwiegend vier Generationen bestimmt: den Babyboomern sowie Vertretern der Generationen X, Y und Z. Die geburtenstarken Jahrgänge nach dem Zweiten Weltkrieg haben zum Begriff der Babyboomer geführt, während die Generation X ihre Bezeichnung dem gleichnamigen Buch des Kanadiers Douglas Coupland verdankt, der in seinem Episodenroman von 1991 das Lebensgefühl dieser Generation nachzeichnet. Daran knüpfen die nachfolgenden Generationen Y und Z an. In Fachkreisen und internationalen Quellen kursieren zum Teil verschiedene Namen für die Generationen, wir wollen uns der Klarheit halber dieser gängigen Begriffe aus der einschlägigen Literatur bedienen.

Was genau ist eine Generation? Die Soziologie definiert eine Generation als „die Gesamtheit von Menschen ungefähr gleicher Altersstufe mit ähnlicher sozialer Orientierung und einer Lebensauffassung, die ihre Wurzeln in den prägenden Jahren einer Person hat". Als prägende Jahre bezeichnen Soziologen den Zeitraum im Leben eines Menschen ungefähr zwischen dem 11. und 15. Lebensjahr, also quasi die Zeit zwischen Kindheit und Verkopftheit. Es ist die Zeit, in der ein junger Mensch beginnt, Einflüsse außerhalb seiner direkten Umgebung bewusst wahrzunehmen. Dazu gehören vor allem Geschehnisse in Politik und Gesellschaft, die die Entwicklung individueller Werte und Präferenzen beeinflussen. Das kollektive Erleben dieser Ereignisse ist dann das, was maßgeblich zur Definition einer bestimmten Generation beiträgt. Dabei sind die Erfahrungen in den prägenden Jahren als verbindendes Glied wichtiger als die exakte Bestimmung der Geburtsjahre. Verschiedene Quellen gehen zum Teil von leicht unterschiedlichen Geburtsjahren aus, wobei die Übergänge stets fließend sind. Wenn also bestimmte soziale Rahmenbedingungen zur Ausprägung von übereinstimmenden Merkmalen, Werten und Verhaltenspräferenzen einer Menschengruppe ungefähr gleichen Alters führen, dann ist es genau das, was eine Generation ausmacht.

1. Demografie im Wandel

Gerne wird der Einwand gebracht, dass sich einzelne Generationen weniger voneinander unterscheiden, als es zunächst den Anschein hat, da zum Beispiel auch die Generationen fortgeschrittenen Alters in ihrer Jugend andere Verhaltensweisen an den Tag legten als heute. Das ist natürlich völlig richtig – allerdings betrachtet man dann eher die verschiedenen Abschnitte des menschlichen Lebenszyklus als tatsächlich eine soziologisch definierte Generation. Jeder Lebenszyklus lässt sich schließlich in Phasen wie Kindheit, Jugend, frühes Erwachsenenalter, Lebensmitte, fortgeschrittenes Alter, Ruhestand und so weiter einteilen. Die Kennzeichen dieser Lebensphasen sind jedoch keinesfalls gleichzusetzen mit den Eigenschaften von Generationen.

Generationen sind nicht gleich Lebensphasen

Generationen in Deutschland	Geburtsjahre	Altersgruppen (Stand 2015)	Prägende Jahre
Traditionalisten ca. 13,7 Mio.	1922–1945	70–93 Jahre	1933–1960
Babyboomer ca. 20,7 Mio.	1946–1964	51–69 Jahre	1957–1979
Generation X ca. 17,8 Mio.	1965–1979	36–50 Jahre	1976–1994
Generation Y ca. 14,8 Mio.	1980–1995	20–35 Jahre	1991–2010
Generation Z ca. 14,7 Mio.	1996–?	19 Jahre und jünger	2007–?

Beginnen wir mit einer kleinen Zeitreise in die verschiedenen Lebenswelten der vier Generationen, die uns am Arbeitsplatz begegnen.

1.1 Babyboomer

Die Generation der Babyboomer hat ihre wesentlichen Charakteristika vor allem der Tatsache zu verdanken, dass sie von den Traditionalisten großgezogen wurde, einer Generation, die von Konformität, Respekt vor Autorität und Altruismus geprägt war und sich durch Fleiß, Disziplin und Gehorsam auszeichnete. Im Gegensatz zur traumatischen und düsteren Jugend ihrer Eltern war die Welt der Babyboomer in den Nachkriegsjahren größtenteils von Optimismus, wachsender Stabilität und steigendem Wohlstand geprägt. Die neue Gesellschaftsordnung, das deutsche Wirtschaftswunder und die sich entwickelnde Bildungspolitik eröffneten den Babyboomern ungeahnte Möglichkeiten: In Scharen stürmten sie die Schulen, Universitäten und letztlich den Arbeitsmarkt, verfolgten hohe Karriereziele, zogen ins Eigenheim am Stadtrand und versuchten, den Erwartungen ihrer Eltern gerecht zu werden – oder dagegen zu rebellieren.

Traditionelles Familienbild Familien setzten sich traditionell aus einem verheirateten Elternpaar und mehreren Kindern zusammen. Die Rollen waren klar aufgeteilt: Während der Vater arbeiten ging und das Geld für die Familie verdiente, versorgte die Mutter Haushalt und Kinder. Entscheidungen wurden in der Regel vom männlichen Familienoberhaupt getroffen, Ehefrau und Kinder ordneten sich unter. So wuchsen Babyboomer bereits mit klaren Hierarchieverhältnissen auf und zu Hause herrschte in den meisten Fällen Zucht und Ordnung. Geschwister mussten untereinander teilen und im Haushalt mit anpacken. Sobald sie alt genug waren, spätestens jedoch mit Erreichen der Volljährigkeit, zogen Söhne und Töchter aus, um auf eigenen Beinen zu stehen oder um eine eigene Familie zu gründen und sich selber eine Existenz aufzubauen. Die Eltern konnten sie nur noch bedingt bis gar nicht unterstützen.

Neue Grenzen Die Babyboomer wuchsen in einer Zeit heran, in der die Menschheit den Mond betrat, in der Urlaubsreisen auch ins Ausland erschwinglich wurden und in der die Popmusik die Welt eroberte. Somit schien es einerseits keine Grenzen mehr zu geben, die unüberwindlich wären. Andererseits taten sich gerade jetzt neue Grenzen auf, die auch der wachsende Wohlstand nicht vertuschen konnte: von handfesten Grenzen wie der Berliner Mauer bis hin zur ideologisch motivierten Rassentrennung in den USA. Die Kubakrise, die Ermordung John F. Kennedys und der Kalte Krieg mit der konstanten atomaren Drohung beherrschten die Weltpolitik. Ob nun Gewalt und Konflikte oder die gegenläufige Friedensbewegung der 1960er-Jahre – die Babyboomer wurden Zeugen einiger dramatischer Veränderungen, sei es auf bildungspolitischer, wirtschaftlicher oder sozialer Ebene. Technologie spielte hingegen noch keine große Rolle, wobei Fernseher, Waschmaschine und ein VW-Käfer zu den modernen Errungenschaften der Babyboomer-Kindheit und -Jugend gezählt werden dürfen.

Diversität und Wettbewerb

Die Arbeitswelt wandelte sich im Laufe der Zeit von einem relativ homogenen, patriarchischen Umfeld zu einer von mehr Diversität geprägten Umgebung. Immer mehr Frauen erreichten höhere Bildungsgrade und wollten sich nicht mehr auf die Rolle der abhängigen Ehefrau und Mutter reduzieren lassen. Zwar blieben höhere Positionen noch vielfach Männern vorbehalten, aber nach und nach rückten auch Frauen auf höhere Ebenen vor. Gastarbeiter aus anderen Ländern sorgten für mehr Vielfalt in der Arbeitswelt, aber auch für verschärfte Konkurrenz im Niedriglohnbereich. Weil diese Generation die zahlenmäßig größte in der Geschichte ist, lernten die Babyboomer früh, hart zu arbeiten und sich durchzusetzen. Nur wer sich im Wettbewerb behaupten konnte, hatte eine Chance auf die angestrebte Karriere und den damit verbundenen gesellschaftlichen Aufstieg. Diejenigen, die am klassischen Werdegang scheiterten oder sich an der herrschenden Weltordnung aufrieben, begannen zu demonstrieren – gegen die Politik, für den Weltfrieden, gegen den Vietnam-Krieg oder für die Bekämpfung sozialer Ungerechtigkeit.

1.2 Generation X

Während die jungen Babyboomer einer vielversprechenden Zukunft entgegensehen konnten und relativ sorglos und optimistisch heranwuchsen, musste die nachfolgende Generation X sehr viel schneller erwachsen werden und verbrachte vermutlich weniger Zeit mit ihren Eltern als irgendeine Generation zuvor. Immer mehr Mütter trugen zum Haushaltseinkommen bei und der Begriff der „Schlüsselkinder" wurde geprägt. Oftmals waren beide Eltern berufstätig und die Kinder der „Generation Golf" waren häufig sich selbst oder ihren Geschwistern überlassen. Die Scheidungsrate stieg an, es gab immer mehr alleinerziehende Eltern oder Patchwork-Konstellationen und das klassische Familienbild löste sich zunehmend auf. Ablenkung ins Jugendzimmer der „Null-Bock-Generation" brachten der Musik-TV-Sender MTV und die ersten Computerspiele, Kassetten verdrängten Schallplatten. Die westliche Popkultur, zunehmend offene Grenzen und eine wachsende Anzahl von Fernsehkanälen brachten Unterhaltung und kulturelle Vielfalt ins Leben der Generation X.

Skepsis statt Wohlstand Gesellschaftlich und politisch wichen Stabilität und Ordnung einer gewissen Unsicherheit und Zweifeln an etablierten Systemen. Die Ölkrisen der 1970er- und frühen 1980er-Jahre, der Watergate-Skandal in den USA sowie das Wettrüsten zwischen Ost und West hatten die Menschen weltweit verunsichert. Das kollektive Vertrauen in Politik und Institutionen wurde durch erschreckende Ereignisse wie die Explosion der Challenger, das Reaktorunglück von Tschernobyl und den RAF-, IRA- und ETA-Terrorismus in Europa weiter erschüttert. Daran konnte auch der Fall der Berliner Mauer nichts ändern. Die Weltwirtschaft geriet Ende der 1980er-Jahre in eine Krise und der jungen Generation X wurde klar, dass der kontinuierlich wachsende Wohlstand ihrer Elterngeneration für sie kaum erreichbar sein würde. Orientierungslosigkeit und Resignation machten sich breit, es fehlte an geeigneten Maßstäben und Rollenvorbildern. Unabhängigkeit und Selbstständigkeit statt Respekt vor Autorität waren daher logische Konsequenzen einer typischen Generation-X-Kindheit; Versprechungen von Wirtschaft, Politik und Führungsorganen wurden nur sehr skeptisch aufgenommen.

In der Ära aufkommender Technologie gehörte der Desktop-Computer bald zum Alltag, sowohl privat als auch im Job. Die ersten (riesengroßen) Mobiltelefone kamen auf. Das Wunder „E-Mail" beschleunigte Kommunikation und Arbeitstempo. Beruflicher Erfolg war gleichbedeutend mit einem wichtig klingenden Jobtitel, endlos langen Arbeitstagen und vor allem einem hohen Gehalt, das modischen Luxus, schnelle Autos und Fernreisen ermöglichte. Karrierefrauen trugen Anzüge und Schulterpolster, um in Statur und Machtgehabe ihren männlichen Kollegen in nichts nachzustehen. Jeder ehrgeizige Absolvent träumte von einer Karriere als Banker oder Unternehmensberater. Dass für Freizeit und Lebensqualität nicht mehr viel Freiraum blieb, wurde angesichts erstrebenswerter Statussymbole und einfallsreicher Vergütungsmodelle, die eher „goldenen Handschellen" glichen, in Kauf genommen.

Karriere als Maßstab

Sich nur im Gegenzug für Belohnung anzustrengen, entsprach dem desillusionierten Xer-Weltbild. Bewährte Ideale und Rollenvorbilder wurden ihnen fremd und schienen nicht mehr zeitgemäß. Die angepasste Haltung vieler Babyboomer, die eher demokratisch und harmoniebedürftig auftraten, wurde von ihrem Xer-Nachwuchs abgelehnt. Offener Protest als Meinungsäußerung war plötzlich akzeptabel, Autorität wurde häufiger infrage gestellt und Respekt musste verdient werden. Das galt für Personen ebenso wie für Unternehmen, Politik und Institutionen. Man wollte nicht länger „dazugehören", es begann ein Trend zur Individualisierung und Formung sozialer Gruppen. Ob liberale Atomkraftgegner, protestierende Punks, schicke Yuppies oder Sandalen tragende Anhänger der Öko-Bewegung: Immer mehr junge Menschen lehnten die etablierten moralischen und gesellschaftspolitischen Wertvorstellungen ihrer Elterngeneration ab, der oft Doppelmoral und Heuchelei vorgeworfen wurde.

Individuelle Abgrenzung

1.3 Generation Y

Während die Zukunft für Babyboomer noch rosig war und für die Generation X eher entmutigend, fragt sich die Generation Y, ob sie überhaupt noch eine Zukunft hat. Permanente Bedrohungen durch globale Erwärmung, Umweltverschmutzung, Naturkatastrophen, Schulattentate und fanatischen Terrorismus – stets gegenwärtig dank multimedialer Omnipräsenz – haben diese Generation tief geprägt. Anstatt jedoch wie ihre Vorgänger ihre Ängste in Frust oder Resignation auszudrücken, hat sich die Generation Y entschieden, das Leben in vollen Zügen zu genießen. Werbeslogans wie „Live for the moment" und „Just do it" bringen die Einstellung und das Lebensgefühl dieser vermeintlichen „Spaß-Generation" auf den Punkt.

Wenn Kinder zu Hause das Sagen haben Die Eltern der Generation Y wurden als Kinder nicht gerade mit Aufmerksamkeit verwöhnt und versuchen nun, es bei ihrem eigenen Nachwuchs besser zu machen. Angespornt vom schlechten Gewissen, da es an Zeit für die Familie mangelt, und dem Trend zur antiautoritären Erziehung, die das kindliche Selbstwertgefühl stärken soll, überschütten sie ihre Kinder von klein auf mit Aufmerksamkeit, Anerkennung und Wertschätzung. Ypsiloner wurden als Kinder unterhalten, beschützt und gefördert. Nichts war den gut meinenden Eltern zu teuer, um ihre Schützlinge materiell auszustatten, sie auszubilden und auf dem holprigen Weg ins Erwachsenenleben zu unterstützen. Generation-Y-Kinder wurden für jede noch so kleine Anstrengung gelobt und belohnt und für jedes Fehlverhalten prompt entschuldigt und in Schutz genommen. Noch heute werden Kinder von früh an zur Mitbestimmmung erzogen und ermutigt, ihre Meinung zu äußern. Im Zweifel entscheiden die Kinder, wo der Familienurlaub verbracht wird, und nicht mehr die Eltern.

Leben, um zu arbeiten? Nicht für Ypsiloner Es sollte eigentlich nicht verwundern, wenn die inzwischen erwachsenen Vertreter der Generation Y hohe Erwartungen stellen, was Anerkennung und Mitbestimmung angeht. Viele von ihnen haben auch als junge Erwachsene noch ein enges Verhältnis zu ihren Eltern und werden weiterhin finanziell und ideell von ihnen unterstützt. Gerne verlassen sich die Ypsiloner noch immer auf den Rat ihrer Eltern und sind verwirrt, wenn ihnen Vorgesetzte und Manager am Arbeitsplatz nicht die gleiche wohlmeinende Unterstützung und den gleichen Schutz und Rückhalt zuteilwerden lassen, wie sie es von zu Hause kennen. Wie Hubschrauber kreisen Eltern über ihrem Nachwuchs und haben sich damit den Beinamen „Helikopter-Eltern" verdient. Gleichzeitig hat die Generation Y ihre Eltern dabei beobachtet, wie sie versucht haben, das Familien- und Privatleben mit ihrer Arbeit zu vereinbaren, und dabei mehr oder weniger kläglich gescheitert sind. Obwohl sich viele für ihre Karriere aufgerieben haben, war doch niemand vor Entlassungen und Restrukturierungen sicher. Die Generation Y dagegen ist nicht bereit, das gleiche Opfer zu bringen. Für diese Generation ist die Arbeit eine Möglichkeit zur Selbstverwirklichung und nur vorübergehend zweckmäßig, solange ein bestimmter Job in ihr aktuelles Lebensmodell passt.

Der Alltag ist schnelllebig geworden und die Generation Y strebt nach sofortiger Befriedigung ihrer Wünsche, Bedürfnisse und Ziele. Zu warten hat diese Generation nicht mehr lernen müssen. Außerdem ist die Generation Y im Zeitalter des Internets groß geworden. Eine Welt ohne E-Mail, Handy, Satellitenfernsehen, digitale Fotokamera oder Laptop hat sie nie gekannt. Technologische Errungenschaften erobern den (Arbeits-)Alltag, multimediale Kommunikation in Echtzeit bestimmt den modernen Informationsfluss und füttert das Verlangen nach unmittelbarer Rückmeldung. Virtuelle Welten und soziale Netzwerke sprießen wie Pilze aus dem digitalen Boden und die Globalisierung lässt die Welt weiter schrumpfen. Obwohl es dieser „verwöhnten" Generation scheinbar an nichts mangelt, haben Ypsiloner ein starkes Bedürfnis danach, Erfüllung zu finden und die Welt zu verbessern. Zwischen all den Ablenkungen des Alltags suchen sie doch nach emotionaler Bindung und tiefer Befriedigung, die über Oberflächlichkeiten hinausgeht.

**Spielplatz
World Wide Web**

1.4 Generation Z

Es fällt mitunter noch schwer, die Generation Z abzugrenzen. Zum Teil liegt das daran, dass sich Y und Z in ihrer Prägung ähnlich sind, zum Teil aber auch daran, dass wir noch mitten in den prägenden Jahren der Generation Z stecken. Noch fehlt der Abstand, Geschehnisse zu reflektieren und einordnen zu können beziehungsweise wegweisende Einflüsse als solche zu erkennen. Auch gibt es bisher nur wenige Studien zu dieser Generation, die stichhaltige Muster und Merkmale empirisch nachweisen. Dennoch lassen sich Beobachtungen anstellen, deren Bedeutung die Zeit allerdings erst noch beweisen muss.

Kronprinz Sorglos Sicher wächst die Generation Z in der westlichen Welt in ähnlichen, von Überfluss gekennzeichneten Verhältnissen auf wie die Ypsiloner vor ihr. Materiell fehlt es den meisten an nichts, auch wenn in Deutschland immer mehr Kinder an der Armutsgrenze leben. Dennoch wachsen die Jugendlichen der „Generation Merkel" hierzulande in sicheren politischen Verhältnissen auf, erfahren relativen Wohlstand und profitieren von einem breiten Bildungsangebot. Gleichzeitig sind sie jedoch Teil einer globalisierten Welt, deren Konflikte, Finanzkrisen, Umweltkatastrophen und Terrorismus die Nachrichten beherrschen. Rückhalt und Sicherheit findet die Generation Z in ihrer Ursprungsfamilie, die so vielfältig wie kaum je zuvor strukturiert sein kann. Alleinerziehende Elternteile und verschiedenste Patchwork-Konstellationen ersetzen die traditionelle Eltern-Kind-Familie, wobei in Deutschland inzwischen etwas mehr als die Hälfte aller Familien Einzelkinder großziehen. Dabei haben alle etwas Wichtiges gemeinsam: Eltern, die sich in der Regel intensiv um ihren Nachwuchs kümmern und ihm ein möglichst sorgloses Aufwachsen ermöglichen wollen. Kein Wunder also, dass die Generation Z der Kronprinzen und -prinzessinnen sich daran gewöhnt hat, permanent umsorgt, geschützt und behütet zu werden. Dass daraus ein großes Bedürfnis nach Sicherheit oder sogar ein vermeintlicher Anspruch auf ein sorgenfreies Leben erwächst, kann man ihnen nicht einmal übel nehmen.

Gleichzeitig verschwindet die Verbindlichkeit aus Beziehungen **Kindheit 2.0**
ebenso wie die geschlechtsspezifische Abängigkeit. Mann und
Frau sind in der Gesellschaft längst gleichgestellt und Mädchen
stehen die gleichen Berufe offen wie Jungen. Auch wenn Frauen
in der Chefetage noch die Minderheit bilden, wächst eine Generation heran, für die Gleichstellung, Vielfalt und Globalisierung
normal sind. Die Wandlung zur Wissensökonomie kann auch
eine Flut von eher fragwürdigen Reality-TV-Formaten nicht
aufhalten. Berufswünsche wie Topmodel oder YouTube-Star
haben Tierärztin und Lokführer schon lange den Rang abge-
laufen. Medien und Technologie sind omnipräsent, die Kinder
der Generation Z wachsen mit Touchscreens und mobilen Endgeräten auf. Freundschaften werden immer häufiger virtuell
geschlossen statt auf dem Spielplatz. Soziale Medien, weltweite
Vernetzung, permanente Online-Kommunikation gehören zum
Alltag beziehungsweise führen zu Entzugserscheinungen, wenn
sie verweigert werden. Diese Medienabhängigkeit im Privat-
und Berufsleben ist Teil der Lebenswelt dieser Generation, genauso wie markenorientierter Konsum und Freizeitorientierung
trotz Ressourcenknappheit, Politikverdrossenheit oder Klima-
wandel.

Ob die Allgegenwärtigkeit von Krisen jeglicher Art (Fi- **Leben in der**
nanzkrise, Wirtschaftskrise, Energiekrise, politische Kri- **Luftblase**
sen und so weiter) die Generation Z widerstandsfähiger
macht oder eher ein ohnmächtiges Abstumpfen verursacht,
wird sich zeigen. Immerhin hat die McDonald's Ausbildungsstudie 2013 in der Priorisierung der Lebensziele junger Menschen ein hohes Maß an Ernsthaftigkeit sichtbar
gemacht: Eigene Interessen, Spaß haben und sich selbst verwirklichen können spielen durchaus eine wichtige Rolle im
Leben der Jüngeren, aber Aspekte wie Beruf, Familie und Ge-
sundheit sind die eigentlich tragenden Säulen ihres Werte-
gerüsts. 62 Prozent der Befragten wünschen sich einen Beruf, der sie erfüllt und Spaß macht, 58 Prozent einen sicheren
Arbeitsplatz und immerhin 43 Prozent Erfolg im Beruf. Allerdings steht ihr direktes, von den Eltern „perfektioniertes"

Umfeld im krassen Gegensatz zu einer gehörigen Portion Realismus, der sich die Generation Z ausgesetzt sieht, sobald sie über den unmittelbaren Tellerrand der von den Eltern geschaffenen „Luftblase" hinausschaut. Wie sich der Balance-Akt zwischen einem Leben nach dem Lust-und-Laune-Prinzip einerseits und der hohen Erwartungshaltung andererseits auf die berufliche Zukunft dieser Generation auswirken wird, bleibt abzuwarten.

 Typische Werte und Eigenschaften im Überblick

	Babyboomer	Generation X
Prägende Einflüsse	Wirtschaftwunder, Mauerbau, Kubakrise, Ermordung JFKs, Woodstock, Mondlandung, TV, Familienbild	Ölkrise, RAF, Tschernobyl, Challenger, Mauerfall, Atari, Walkman, Video, MTV, Scheidungsraten
Typische Eigenschaften	optimistisch, tatkräftig, teamorientiert, konfliktscheu, pflichtbewusst	skeptisch, pragmatisch, eigenständig, direkt, pflichtergeben
Werte	Demokratie, Gemeinschaft, Entscheidungsfreiheit, Idealismus, Konsens, Loyalität, Ordnung, Sorgfalt, Status, Strebsamkeit	Autonomie, Erfolg, Flexibilität, Gegenleistung, Individualismus, Kompetenz, Produktivität, Professionalität, Vielfalt, Zielorientierung
Arbeitsethos	haben eine hohe Arbeitsmoral und wollen eine „Bilderbuchkarriere" hinlegen, um den vermeintlichen Erwartungen der Gesellschaft zu entsprechen; sind intrinsisch motiviert, qualitativ hochwertige Arbeit zu leisten	Produktivität ist das A und O für Xer; sie konzentrieren sich auf Ergebnisse und das Endresultat, Unternehmensziele sind wichtiger als persönliche Ziele, sie tun, „was nötig ist", um einen Job zu erledigen, erwarten aber auch, dafür belohnt zu werden

Ausgehend von den Lebenswelten der verschiedenen Generationen, lassen sich die in der unten stehenden Tabelle aufgeführten Charakteristika ableiten.

Nachdem nun die einzelnen Generationen charakterisiert wurden, wenden wir uns im Folgenden verschiedenen Bereichen des Personalmanagements und ihrer Bedeutung für die vier Generationen zu.

Generation Y	Generation Z
Globalisierung, Klimawandel, Golfkrieg, 9/11, Bin Laden, Euro, Tsunami, Katrina, Facebook, Handy, Helikopter-Eltern	Wirtschaftskrise, Finanzkrise, Haiti, Fukushima, Arabischer Frühling, ISIS, Reality-TV, iPad, Smartphone, Kronprinz-Kindheit
authentisch, sprunghaft, sozial vernetzt, anspruchsvoll, selbstbewusst	realistisch, flüchtig, hypervernetzt, fordernd, egozentrisch
Abwechslung, Beteiligung, Lifestyle, Nachhaltigkeit, Selbstverwirklichung, Sinnstiftung, Spaß, Transparenz, Zugehörigkeit, Zusammenarbeit	Erfüllung, Informationsfreiheit, Integrität, Sicherheit, Sparsamkeit, Stabilität, Unternehmergeist, Unverbindlichkeit, Vernetzung, Zweckmäßigkeit
Abkehr von der kompletten Hingabe und Aufopferung für die Arbeit; sind fixiert auf persönliche Lebensziele und Sinnfindung, machen einen Job, solange er der eigenen Selbstverwirklichung dient, anderenfalls suchen sie sich etwas Neues	wollen vor allem die hohen Erwartungen der eigenen Eltern erfüllen; sind noch auf der Suche nach dem eigenen Antrieb fürs Berufsleben, wünschen sich aber einen sicheren Arbeitsplatz und wollen einen Beruf, der sie erfüllt und Spaß macht

Praxisseite

Welcher Generation fühlen Sie sich selbst zugehörig? Warum?

_____

_____

_____

Welche Einflüsse haben Sie im Jugendalter geprägt und welche
Werte haben sich für Sie persönlich daraus ergeben?

_____

_____

_____

Wie äußern sich diese Werte in Ihrem Berufsleben?

_____

_____

_____

Zu welchen Generationen zählen Ihre wichtigsten Kontakte
im Job (zum Beispiel Vorgesetzte, Mitarbeiter, Kollegen, Kunden)?

_____

_____

_____

Wie kommen Sie mit den unterschiedlichen Generationen
zurecht? Gibt es Muster oder Konfliktthemen, die Sie erkennen?

_____

_____

_____

Personalbeschaffung 2

Der „Lebenszyklus" aller Mitarbeiter im Unternehmen beginnt mit ihrem Firmeneintritt. Die richtigen Arbeitnehmer in der erforderlichen Anzahl und mit der notwendigen Qualifikation zum richtigen Zeitpunkt zu gewinnen, ist Aufgabe der Personalbeschaffung. Neben den obligatorischen Fachkompetenzen und sogenannten Soft Skills zählen immer häufiger auch Aspekte der Vielfalt zu den Auswahlkriterien für neue Mitarbeiter. Um ein Arbeitsumfeld zu schaffen, in dem alle Beschäftigten Anerkennung und Wertschätzung erfahren, versuchen immer mehr Firmen eine Unternehmenskultur zu kreieren, die Vielfalt fördert und Diversität aktiv in Entscheidungen mit einbezieht.

Gerade bei der Personalbeschaffung ist es relativ einfach, den verschiedenen Generationen und ihren unterschiedlichen Vorlieben und Verhaltensweisen gerecht zu werden. Neben den verschiedenen Rekrutierungskanälen zur Kandidatenansprache kann auch die Art und Weise, wie Unternehmen neue Mitarbeiter auswählen und einarbeiten, generationsspezifisch angepasst werden, um effektiver zu sein und von Anfang an eine höhere Bindung ans Unternehmen zu schaffen. Gerade in Zeiten von Ressourcenknappheit auf dem Arbeitsmarkt ist es von besonderer Wichtigkeit, eine ausreichende Anzahl von qualifizierten und motivierten Mitarbeitern zu gewinnen. Somit ist das spezifische Ansprechen einer vielfältigen Zielgruppe nicht mehr nur eine wünschenswerte Herangehensweise zur Förderung eines Idealzustands, sondern eine wirtschaftliche Notwendigkeit.

2.1 Kandidatenansprache

Bei der Kandidatenansprache geht es im Wesentlichen um die verschiedenen Beschaffungswege für neue Mitarbeiter. Wer als zeitgemäßer Arbeitgeber die Vorteile einer vielfältigen Belegschaft zu schätzen weiß, sollte sich überlegen, ob die Generationszugehörigkeit für eine zu besetzende Stelle bei der Kandidatenansprache eine Rolle spielt. Ist es für eine zu besetzende Vakanz völlig egal, ob ein Babyboomer, ein Xer, ein Ypsiloner oder ein Vertreter der Generation Z eingestellt wird? Oder gibt es aufgrund der Stellenbeschreibung oder der Firmenkultur gute Gründe, eine oder mehrere Generationen gezielt anzusprechen? Natürlich darf niemand aufgrund seines Alters und damit aufgrund seiner Generationszugehörigkeit diskriminiert werden, denn letztlich kommt es auf die Eignung des Bewerbers an, ganz egal, wie alt er ist. Allerdings kann man sich die typischen Präferenzen der Generationen zunutze machen, um alle potenziellen Kandidaten optimal anzusprechen.

Babyboomer erreicht man über Anzeigen ... Babyboomer, die aktiv auf Jobsuche sind, werden – genauso wie Vertreter anderer Generationen – breit angelegt recherchieren und dabei verschiedene Kanäle nutzen. Keineswegs wollen wir ihnen an dieser Stelle unterstellen, neue Medien außer Acht zu lassen. Allerdings lässt sich beobachten, dass viele Babyboomer immer noch die Stellenanzeigen in den klassischen Printmedien lesen – möglicherweise eher als Vertreter anderer Generationen. Dabei spielt vor allem auch die Reputation der Publikation eine Rolle. Einer Anzeige in einer renommierten Tageszeitung wird Vertrauen entgegengebracht. Ein Unternehmen kann damit seine Arbeitgebermarke aufwerten.

Ein ähnliches Vertrauen haben Babyboomer in Institutionen, die dazu dienen, ihnen bei der Jobsuche zu helfen. Dazu gehören zum Beispiel das Jobcenter der Agentur für Arbeit, Personalvermittlungsbüros und Headhunter. All diese „Autoritäten" werden durch ihre Funktion und Institutionalisierung als befugt und kompetent wahrgenommen – zumindest bis die eigene Erfahrung etwas anderes lehrt. Wer also gezielt Babyboomer ansprechen möchte, sollte Vakanzen auch bei Vermittlern registrieren und davon profitieren, dass diese Vermittler bereits eine Vorauswahl treffen und nur qualifizierte Bewerber weitergeben.

... Institutionen

Eine weitere, mitunter sehr ergiebige Quelle zur Rekrutierung von Babyboomern sind ihre persönlichen Netzwerke, die sie sich im Laufe ihres Lebens und ihrer beruflichen Laufbahn aufgebaut haben. Während ihre persönlichen Netzwerke weniger weitreichend sein mögen als die sozialen Netzwerke jüngerer Generationen, werden Babyboomer ausschließlich Kontakte empfehlen, die sie wirklich gut kennen und für die sie sich uneingeschränkt aussprechen können. Oftmals sind es Kontakte aus der gleichen Branche, der gleichen Hierarchieebene oder mit ähnlichem Hintergrund, weshalb es sich immer lohnt, Babyboomer, die bereits im Unternehmen sind, konkret und proaktiv um Empfehlungen zu bitten. Hohe Rekrutierungskosten lassen sich auf diese Weise minimieren.

... und Netzwerke

Abgesehen von den eingesetzten Medien und Kanälen zählt bei der Kandidatenansprache auch der Inhalt. Eine Stellenausschreibung, die zum Beispiel Berufs- oder Branchenerfahrung als gewünschte Bewerbereigenschaften klar herausstellt, ist für Babyboomer besonders interessant. Neben den geforderten Qualifikationen ist auch der Ton einer Anzeige von Bedeutung. Um potenzielle Kandidaten dazu zu bewegen, sich für ein Unternehmen zu interessieren, sollte eine Stellenanzeige ihre „Sprache" sprechen, sodass sie sich mit dem Arbeitgeber identifizieren und sich für ihn begeistern können. Babyboomer tun dies am ehesten, wenn der Ton einer Anzeige freundlich, fachbezogen und ein klein wenig förmlich ist. Die zu besetzende

Der Ton macht die Musik

Vakanz mit ihren erforderlichen Qualifikationen und den angebotenen Vergütungsbestandteilen, insbesondere Zusatzleistungen wie Gesundheitsförderung und Altersvorsorge, sollte dabei im Vordergrund stehen.

Die Zeit ist knapp für Generation X Die berufstätigen Vertreter der Generation X zeichnen sich im Allgemeinen durch Effizienz und Produktivität aus, da sie sowohl im Job als auch im Privatleben gelernt haben, viele Bälle gleichzeitig in der Luft zu halten: Karriere, Haushalt, Kinder, Partnerschaft, Kredite, die Pflege Angehöriger – alles muss organisiert und geregelt werden. Da Zeit ein knappes Gut ist, wird auch die Jobsuche entsprechend effizient gestaltet. Wer also gezielt Xer ansprechen möchte, sollte sich ihrer knappen Zeit bewusst sein.

Vertreter der Generation X sind zwar nicht mit dem Internet groß geworden, haben sich aber inzwischen recht gut an das mediale Zeitalter angepasst. Allerdings ist ihnen das klassische Internet näher als das Social Web. Das heißt, auch wenn sie online unterwegs sind, suchen sie dort nach Jobs, wo sie adäquate Angebote am ehesten vermuten, sprich auf Unternehmenswebseiten, in Online-Jobbörsen und über berufsbezogene Netzwerke wie Xing oder LinkedIn. Da sie sich im Laufe ihrer Karriere oft in einem Bereich spezialisiert haben und sich auf diesem Gebiet konsequent weiterentwickeln wollen, werden auch gerne ausgewählte (Print-)Medien herangezogen. Das Internet hat – im Gegensatz zu Agenturen mit festen Öffnungszeiten – für viel beschäftigte Xer den Vorteil, dass sie sich auch abends noch aktiv auf die Jobsuche machen können, wenn die Kinder im Bett sind, der 16-Stunden-Tag auf der Arbeit ein Ende hat und alle anderen Verpflichtungen erledigt sind.

Xer sind aufgeschlossen gegenüber Headhuntern Xer sind aufgrund der Lebensphase, in der sie sich gerade befinden, oft zu beschäftigt, um persönliche Netzwerke zu pflegen. Anders sieht es mit professionellen Netzwerken aus, denn Xer fühlen sich reif für die nächste Beförderung oder planen strategisch, welche Karriereziele sie noch erreichen wollen. Gerne

28   2. Personalbeschaffung

maximieren sie ihre Chancen, indem sie sich mit nutzbringenden Kontakten alle Türen offen halten. Auch Headhuntern gegenüber sind sie aufgeschlossen, denn das bedeutet, dass ihnen jemand während des mühevollen Bewerbungsprozesses zur Seite steht und ihnen mitunter Arbeit abnehmen kann, wie zum Beispiel Termine vereinbaren, offene Fragen klären und so weiter. Vertreter der Generation X nach Empfehlungen zu fragen, hat allerdings nur dann Sinn, wenn sie selber ausdrücklich gerade nicht auf Jobsuche sind, denn ansonsten steht ihnen manchmal ihr Konkurrenzdenken im Weg, sodass sie trotz Kenntnis über passende Profile in ihrem Netzwerk eher zurückhaltend reagieren, weil sie eventuell selbst an der Vakanz interessiert sind.

Stellenausschreibungen, die Xer ansprechen, sind kurz und knapp gehalten, der Ton ist professionell und faktenorientiert. Neben den erforderlichen Qualifikationen sind für Xer vor allem die Herausforderungen der zu besetzenden Stelle interessant sowie zukunftsorientierte Zielsetzungen, Weiterentwicklungsmöglichkeiten und flexible Arbeitsmodelle. Wenn sie sich aus einer Beschäftigung heraus neu orientieren, weil sie es wollen, nicht weil sie müssen, sind Vertreter der Generation X mitunter wählerisch, denn sie haben im Laufe ihrer Karriere gelernt, was sie wollen und was nicht. Genau danach suchen sie dann auch. Deshalb sind die richtigen Schlag- und Schlüsselwörter in Stellenanzeigen von großer Bedeutung für Xer.

Xer mögen es faktenorientiert

Mehr noch als die Generation X suchen die Ypsiloner online nach Jobs, im Gegensatz zu ihren Vorgängern aber nicht nur im klassischen Internet, sondern vermehrt auch im Social Web 2.0, also dort, wo Nutzer sich aktiv an der Gestaltung von Inhalten beteiligen können. Das heißt, ihre Jobsuche beschränkt sich nicht auf traditionelle E-Recruiting-Kanäle, sondern bezieht vor allem auch soziale Medien mit ein. Während ältere Generationen in der Regel eine deutliche Trennung zwischen Privat- und Berufsleben bevorzugen, tauschen sich Ypsiloner ungeniert auch auf Facebook, Twitter, Google+ und YouTube zu beruflichen Themen aus und verlinken sich mit vielseitigen Kontakten, die so automatisch zu „Freunden" werden. Aus diesem Grund sind Empfehlungen von Ypsilonern mit Vorsicht zu genießen: Obwohl sie möglicherweise über ein riesiges Netzwerk verfügen, heißt das noch lange nicht, dass sie die darin enthaltenen Personen auch wirklich gut kennen.

Ypsiloner wollen Authentizität

Über potenzielle Arbeitgeber informiert sich die Generation Y gerne über Mitarbeiter-Blogs, offizielle Unternehmensblogs, Videoportale oder Bewertungsportale à la www.kununu.de. Auch auf Unternehmenswebseiten sind Kurzvorstellungen von Mitarbeitern, Erfahrungsberichte, Bildstrecken, Videoclips oder Podcasts beliebte Informationsquellen. Je aktueller und authentischer, umso besser und glaubwürdiger. Nur wer als Arbeitgeber ein möglichst realistisches Bild von sich zu vermitteln vermag, kann Interesse wecken. Dabei ist vor allem Twitter ein noch viel zu wenig genutzter Kanal, die Generation Y anzusprechen. Die Mehrheit der Twitter-Nutzer gehört der Generation Y an. Twitter bedeutet schnelle, offene und direkte Kommunikation. Ironischerweise wird es genau deshalb von älteren Generationen unterschätzt oder abgelehnt, weil es kein Medium ist, um ausführliche Zusammenhänge darzustellen und inhaltlich in die Tiefe zu gehen. Allerdings entspricht genau das dem Naturell der Ypsiloner, weshalb Twitter bei ihnen als aufmerksamkeitserregender Teaser gut funktioniert.

Kandidatenansprache 2.0

Ähnliches gilt übrigens für den virtuellen Pinnwand-Anbieter Pinterest. Hier steht das visuelle Branding im Vordergrund, das sich Arbeitgeber bei der Kandidatenansprache zunutze machen können, denn unter Anwendung der „CUBE-Formel" (CUBE = Content, Usability, Branding, Emotion) fallen für jüngere Generationen die Bereiche Markenbildung und Emotionen besonders ins Gewicht. Ein weiterer Rekrutierungskanal, der diese Faktoren gezielt anspricht, sind Online-Recruiting-Events, also virtuelle Jobmessen, auf denen sich Arbeitgeber und Bewerber präsentieren und interaktiv kennenlernen können. Das Pendant, vor allem in Form von Hochschul-Bewerbermessen, gibt es natürlich auch offline.

Ebenso wirkungsvoll können gut durchdachte, mitunter auch humorvolle Sonderaktionen sein, wie Image-Kampagnen, Wettbewerbe, Quiz-Spiele oder Guerilla-Recruiting-Aktionen. Ypsiloner sind durchaus offen für schrille Überraschungen und der Ton der Kandidatenansprache darf gerne informell und locker sein. Schließlich steht eine Stellenanzeige stellvertretend für den Ton im Unternehmen und auch da mögen es die Ypsiloner leger und umgänglich. Ein Arbeitgeber, der bereits in der Stellenausschreibung steif und förmlich daherkommt, schreckt eher ab. Inhaltlich stehen für Ypsiloner die Unternehmenskultur, Aufstiegsmöglichkeiten, Spaß am Arbeitsplatz und flexible Arbeitsgestaltung im Vordergrund. Ein Schwerpunkt auf diese Themen in der Kandidatenansprache kann bereits ausschlaggebend sein.

Ypsiloner mögen es informell und locker

Da die Generation Z noch sehr jung ist, betrifft das Thema Kandidatenansprache nur wenige von ihnen, und viele stecken noch mitten in den prägenden Jahren, weshalb ihre generationstypischen Eigenschaften und Vorlieben noch nicht endgültig feststehen und sich in den nächsten Jahren noch wandeln können. Dennoch lassen sich anhand von Trends und ersten Studien einige Vermutungen anstellen, die bei der Ansprache von Generation-Z-Bewerbern hilfreich sein können. Denn wenn es um Lehr- und Ausbildungsberufe geht, ist die Generation Z genau die richtige Zielgruppe.

Natürlich tummeln auch sie sich vorwiegend online und sollten deshalb über das Social Web 2.0 angesprochen werden. Ebenso wichtig ist für Zler, dass Inhalte mobil abrufbar sind und „nebenbei" konsumiert werden können. Mobile Recruiting, also die Rekrutierung mithilfe mobiler, internetfähiger Endgeräte, insbesondere Smartphones, rückt damit immer mehr in den Vordergrund. Dazu gehört Responsive Design von Webseiten ebenso wie unkomplizierte, unmittelbare, direkte Kommunikation, zum Beispiel über Live-Chats und Kurznachrichtendienste. Sich mit einem Tweet bewerben? Jobinterviews über WhatsApp? Was wie ferne Zukunftsmusik klingt, könnte für die Generation Z bald selbstverständlich sein.

Generation Z konsumiert mobil

Ein weiterer Aspekt, der sich bei der Generation Y bereits abzeichnet, für Zler aber noch wichtiger wird, ist das Employer Branding, also die Arbeitgebermarke. Dazu gehört neben Erscheinungsbild und Wiedererkennungseffekt vor allem auch die emotionale Ansprache der Zielgruppe, denn die Generation Z ist eine markenorientierte und -bewusste Generation. Eine starke, positiv besetzte Arbeitgebermarke wirkt wie ein Magnet, zu dem sich Zler hingezogen fühlen, ohne dass das Unternehmen viel Zeit, Geld und andere Ressourcen in Recruiting-Kampagnen investieren muss. Besonders gut lassen sich emotionale Bindungen durch multimediale Kanäle und authentische Inhalte aufbauen. Visuelle Medien wie Bilder und vor allem Videos erregen dabei weit mehr Aufmerksamkeit und werden auch viel häufiger virtuell miteinander geteilt als reine Textformate. Auch bei dieser Zielgruppe kommt Guerilla-Recruiting gut an. Dabei ist es wichtig, immer originell zu bleiben, statt irgendwo anders eine Idee abzukupfern. Egal, wie die Aktion im Einzelnen ausfällt, eine Guerilla-Kampagne multimedial zu begleiten, empfiehlt sich immer.

Offline ist die Generation Z am besten über Schulen, Lehr- und Ausbildungsinstitutionen, Vereine und Freizeiteinrichtungen zu erreichen. Eine engere Zusammenarbeit könnte sich für viele Unternehmen auszahlen. Zler sind auf Reality-TV gepolt und mögen „echten" Realismus. Daher können neben klassischen Praktika auch andere Schnupperangebote, Tage der offenen Tür, Training für Eignungstests, Firmenbesichtigungen oder gemeinsame Projekte einen echten Mehrwert bieten. Indem Unternehmen sich öffnen und erlebbar werden, können sie eine Beziehung zur Zielgruppe der Zler aufbauen. Derartige Aktionen sind um einiges eindrucksvoller und zielführender als klassisches Personal-Marketing.

Zusammenfassung Kandidatenansprache

Die wichtigsten Inhalte der vorangegangenen Abschnitte fasst
die folgende Tabelle zusammen:

	Babyboomer	Generation X	Generation Y	Generation Z
Beliebte Medien	Anzeigen in renommierten Printmedien oder auf deren Internetseiten	Unternehmens-webseiten, On-line-Jobbörsen, spezielle Fachmedien	Social Web 2.0, Blogs, Videoportale, Bewertungs-portale, Online-Events	Social Web 2.0, Videoportale, Mobile Recruiting
Offline-Kontakte	Agentur für Arbeit, Personal-vermittlung, Headhunter	Headhunter	Hochschul-Bewerbermessen, Guerilla-Recruiting	Schulen, Lehr- und Ausbildungs-stätten, Freizeit-einrichtungen
Netzwerke	persönliche Netzwerke	berufs-bezogene Online-Netzwerke	soziale Netzwerke	soziale Netzwerke
Hervor-zuheben in Stellen-anzeigen	Branchen-/ Berufserfahrung, Vergütungs-bestandteile, Zusatzleistungen, z. B. Alters-vorsorge	Heraus-forderungen, Zielsetzungen, Weiterent-wicklung, flexible Arbeitszeiten	Unternehmens-kultur, Aufstiegs-möglichkeiten, flexible Arbeits-gestaltung, Spaßfaktor am Arbeitsplatz	Unternehmens-kultur, Lern-möglichkeiten, Praktika, Schnupper-angebote, Tag der offenen Tür
Ton der Anspra-che	fachbezogen, freundlich, höflich	professionell, fakten-orientiert	informell, locker, auf Augenhöhe	informell, locker, visuelle Bildsprache

2.2 Auswahlprozess

Zur Bewerberauswahl gehören in der Regel Jobinterviews, eventuell Testverfahren, mehrere Interessenvertreter und oftmals ein eher langwieriger Prozess mit vielen Tücken und Kommunikationslücken. Sicher kommt es hier in einem hohen Maß auf die zu besetzende Stelle und den Hintergrund des Bewerbers an. Ein Fabrikarbeiter oder Handwerker wird anders ausgewählt als ein Büroangestellter oder ein Akademiker – egal welchen Alters. Bei der Bewerberauswahl gibt es jedoch deutlichere Generationsunterschiede, als man auf den ersten Blick vermuten mag. Auch hier stellt eine Ausrichtung auf die Präferenzen verschiedener Generationen eine Aufwertung des Arbeitgeber-Images dar. Die Kandidaten werden bereits während des Auswahlprozesses in ihrer Vielfalt wahrgenommen, ihre Interessen erfahren Wertschätzung und die emotionale Mitarbeiterbindung beginnt bereits während der Bewerbungsphase.

Babyboomer mögen es klassisch Früher schickte man eine Bewerbung per Post, erhielt eine Einladung zu einem persönlichen Gespräch, machte sich fein fürs Jobinterview und erhielt irgendwann hinterher eine Zu- oder Absage. Bestenfalls wurde noch ein klassischer Einstellungstest durchgeführt, aber das war es bereits mit dem Auswahlverfahren. Natürlich weiß jeder Babyboomer, dass sich die Zeiten geändert haben, aber je nachdem, wie oft die betreffende Person in den letzten Jahren tatsächlich auf Jobsuche war, ist sie mehr oder eben weniger mit modernen Auswahlprozessen vertraut. Die Herausforderung beginnt bereits mit automatisierten Internet-Bewerbungen. Auch wenn die meisten Babyboomer inzwischen Zugriff auf einen Computer haben und ihnen nicht unbedingt mangelnde Computerkenntnisse unterstellt werden sollen, werden viele Babyboomer dennoch abgeschreckt von langen Online-Formularen, komplizierten Bildschirmmasken und anonymisierter Kommunikation. Sie sind möglicherweise verunsichert, was mit ihren persönlichen Daten passiert, ob sie eingegebene Einträge löschen können, was passiert, wenn sie die Enter-Taste im falschen Moment drücken und so weiter.

Babyboomer-Kandidaten zu zwingen, sich über ein System zu bewerben, das unpersönlich und angsteinflößend wirkt, kann genau die Bewerber abschrecken, die das Unternehmen dringend braucht.

Ist die Bewerbung erst einmal eingegangen, beginnt die Kommunkationsschleife zwischen potenziellem Arbeitgeber und Bewerber. Heutzutage passiert das meistens per E-Mail. Für das Unternehmen kosten- und zeitsparend, ist diese Form der Kommunikation oft automatisiert und Teil eines intern gesteuerten elektronischen Systems. Für Babyboomer ist E-Mail-Kommunikation bestenfalls zweckdienlich, aber keine Art, eine Bindung aufzubauen. Babyboomer waren oft genug im Leben eine Nummer unter vielen. Um emotional Interesse zu wecken, sie direkt anzusprechen und für ein Unternehmen zu begeistern, bedarf es persönlicher Kommunikation, am liebsten per Post oder Telefon. Briefpost hat für Babyboomer noch immer einen offiziellen Charakter, sie ist persönlich und wichtig.

Im Vorstellungsgespräch punkten Babyboomer mit ihrer langjährigen Erfahrung, also sollten Recruiter auch danach fragen. Sie wissen meistens sehr gut, was sie wollen, wo ihre Stärken liegen und welche beruflichen Ziele sie verfolgen. Darüber sollten sie sprechen dürfen. Im Gegenzug interessiert sich diese Generation aufgrund ihrer Lebensphase für Themen wie finanzielle Altersvorsorge, Ruhestandsregelungen und gesundheitsfördernde Zusatzleistungen des Arbeitgebers. Es ist mitunter unangenehm für Bewerber, diese Dinge im Interview anzusprechen, aber der Recruiter kann es ihnen leichter machen, indem er sie zum Beispiel am Ende des Gesprächs fragt, ob sie diesbezüglich Informationen wünschen. Wahrscheinlich werden sie das Angebot erleichtert annehmen.

Babyboomer punkten mit Erfahrung

Babyboomer sind es gewohnt, dass derart wichtige Gespräche persönlich stattfinden. Ein Telefon- oder Skype-Interview kann für viele von ihnen neu und furchteinflößend sein. Deshalb muss ein Arbeitgeber nicht darauf verzichten, aber Recruiter können Kandidaten die Nervosität zu Beginn des Gesprächs nehmen, indem sie erst ein bisschen plaudern oder zum Beispiel mit der Interview-Einladung ein paar Tipps versenden, wie man sich auf ein virtuell geführtes Einstellungsgespräch vorbereiten kann. Babyboomer-Bewerber bereiten sich in der Regel gründlich vor, sie werden das Informationsmaterial, das sie vorab erhalten, auch tatsächlich lesen.

Generation X mag es effizient Obwohl noch mit Papierbewerbungen und Assessment-Centern groß geworden, ist die Generation X inzwischen mit automatisierten Prozessen gut vertraut. Um genau zu sein, haben sie sie erfunden, denn Xer halten sich gern für professionell, effizient und haben Verständnis für produktivitätsfördernde Maßnahmen. Somit sind Online-Bewerbungen und virtuelle Auswahlverfahren für sie weniger abschreckend – im Gegenteil, sie können sogar aufgrund der gebotenen Flexibilität gewisse Vorteile haben. Überhaupt ist Flexibilität vermutlich das wichtigste Schlagwort, mit dem Arbeitgeber bei der Generation X trumpfen können, und zwar nicht nur, indem sie Flexibilität als Pluspunkt der Unternehmenskultur anpreisen, sondern indem sie bereits im Auswahlprozess Flexibilität beweisen. Eine kurzfristige Einladung zu einem persönlichen Vorstellungsgespräch zum Beispiel – heute in der Mailbox, übermorgen der Termin – stellt Menschen, die ihren Alltag mit Beruf, Familie und anderweitigen Verpflichtungen voll durchorganisiert haben, mitunter vor eine große Herausforderung. Zeigt sich ein Unternehmen flexibel, bietet also entweder verschiedene Interviewtermine zur Auswahl, mehr Vorlaufzeit oder eine virtuelle Alternative, ermöglicht es gerade der Generation X einen viel entspannteren Bewerbungsprozess.

Mit Xern kommuniziert man während der Bewerbungsphase am besten per E-Mail, denn E-Mail ist zeitlich ungebunden und zielführend. Kurze, prägnante Kommunikation wird als kompetent und professionell wahrgenommen. Detaillierte Informationen vorab zu schicken, kann man sich dagegen sparen. Zwar würden sich Xer gerne umfassend auf einen Termin vorbereiten, haben aber meistens keine Zeit dafür. Wer also erwartet, dass sich Xer-Kandidaten im Vorfeld tiefgründig mit einer ausgeschriebenen Stelle oder dem Arbeitgeberprofil auseinandergesetzt haben, wird möglicherweise enttäuscht. Das ist jedoch weniger mangelndem Interesse als einem hektischen Alltag geschuldet. Stattdessen kann man einen Xer-Bewerber lieber 15 Minuten früher zum Interviewtermin einladen und ihm bei seiner Ankunft eine Unternehmensbroschüre in die Hand drücken, mit der er die Wartezeit bis zum Gespräch sinnvoll überbrücken kann. Die meisten Kandidaten werden dankbar noch einmal in die Unterlagen schauen.

Auch im Jobinterview ist das Thema flexible Arbeitsgestaltung von großer Wichtigkeit und nicht jeder Bewerber fragt direkt danach, aus Angst, dass ihm dieser Punkt negativ ausgelegt werden könnte. Recruiter können Kandidaten diesen unangenehmen Moment ersparen, wenn sie derartige Informationen von sich aus anbieten. Mindestens genauso von Interesse sind typische Xer-Themen, die im Vorstellungsgespräch unbedingt hinreichend besprochen werden sollten: Verantwortlichkeiten der zu besetzenden Stelle, Weiterentwicklungs- oder Spezialisierungsmöglichkeiten und langfristige Karriereaussichten. Xer stehen mit beiden Beinen voll im Berufsleben und wissen, dass sie nicht mehr unendlich oft den Arbeitgeber wechseln können. Wenn sie sich freiwillig beruflich neu orientieren, dann weil sie genaue Vorstellungen von dem haben, was sie sich wünschen, und je genauer man im Gespräch übereinkommt, diese Wünsche und Erwartungen erfüllen zu können, umso größer ist die Chance, einen hoch motivierten, loyalen Mitarbeiter zu gewinnen.

Xer wissen, was sie wollen

Persönliche Themen im Interview anzuschneiden, lohnt sich dagegen eher weniger. Vertreter der Generation X trennen Berufs- und Privatleben gerne voneinander und wollen ihrer Kompetenz und Qualifikation wegen eingestellt werden. Natürlich ist es nett, wenn man sich mit den Kollegen versteht und das Umfeld stimmt, dennoch sind diese Kriterien für Xer in der Regel weit weniger ausschlaggebend als für andere Generationen. Aufgrund ihres Unabhängigkeitsstrebens stehen ihre eigenen Ziele und zweckmäßige Fragen im Vordergrund.

Ypsiloner mögen es transparent

Für Ypsiloner muss ein Auswahlprozess vor allem transparent, glaubwürdig und zügig sein. Multimediale Jobinterviews sind normal und Online-Bewerbungen sind zwar lästig, werden aber akzeptiert. Ein langer, unklarer Auswahlprozess dagegen wirft ein schlechtes Licht auf den Arbeitgeber und verleitet schnell zu der Annahme, dass interne Prozesse genauso langwierig und ineffizient sein könnten. Während ältere Generationen Wartezeiten, Auswahlentscheidungen und Standardfloskeln achselzuckend als gegeben hinnehmen, sind Ypsiloner diesbezüglich weniger tolerant. Sie wollen wissen, wann es im Prozess weitergeht, warum es zu Verzögerungen kommt, weshalb sie für einen Job nicht infrage kommen oder inwieweit andere Kandidaten dem Anforderungsprofil besser entsprochen haben, wenn sie selbst doch alle Kriterien erfüllen. Diese Hartnäckigkeit ist allerdings nicht als Aufmüpfigkeit oder schlechtes Benehmen zu interpretieren. Vielmehr beruht sie auf echtem Unverständnis, denn von Kindheit an ist dieser Generation alles haarklein erklärt und recht gemacht worden, sodass sie mit einer derartigen Situation schlichtweg nicht umzugehen weiß.

Ypsiloner teilen ihre Erfahrungen weitläufig

Eben weil ihnen anerzogen wurde, alles verstehen zu wollen, ist vor allem das Feedback am Ende des Auswahlprozesses enorm wichtig. Ypsiloner posten ihre Erlebnisse in ihrem gesamten Netzwerk, egal, ob sie den Job bekommen haben oder nicht – die Erfahrung zählt und kann auch im Falle einer Absage positiv sein. Diese Chance, die eigene Arbeitgebermarke als attraktiv und bewerberfreundlich zu positionieren, sollte sich kein Unternehmen entgehen lassen. Wer Absagen schlüssig erklären kann, vielleicht statt automatisierter Standard-E-Mail eine persönliche Nachricht oder sogar eine kleine Überraschung verschickt, wird genau diese Geschichte in sämtlichen sozialen Netzwerken gepostet sehen. Gleiches gilt natürlich für

Zusagen. Auch die können ein wenig aufgepeppt werden, und sogleich wird der Ypsiloner andere dazu ermutigen, sich ebenfalls zu bewerben.

Zu den Themen, die im Jobinterview unbedingt angesprochen werden sollten, weil sie für Ypsiloner tendenziell von großer Wichtigkeit sind, gehören die Unternehmenskultur des Arbeitgebers, kurz- und mittelfristige Karriereschritte und Verdienstmöglichkeiten. Gerade Letzteres ist für viele junge Bewerber ein Thema, von dem sie nicht wissen, wie sie es geschickt anschneiden sollen. Dabei kann ihnen der Recruiter entgegenkommen und die Informationen von sich aus anbieten. Auch schätzen es Ypsiloner, wenn sie das Gefühl haben, als Individuum wahrgenommen zu werden. Persönliche Themen sind deshalb keineswegs tabu, sondern können helfen, zu Beginn des Gesprächs eine Beziehung aufzubauen.

Ebenfalls wichtig für die Entscheidung, einen Job anzunehmen oder nicht, sind für Ypsiloner Aspekte wie eine herausfordernde Tätigkeit und die eigene Selbstverwirklichung. Um diese Kandidaten entsprechend fürs Unternehmen zu begeistern und sie intern so zu platzieren, dass sie langfristig motiviert bleiben, können Recruiter im Einstellungsgespräch bereits gezielt nachfragen, was einem Bewerber wichtig ist, welche Ziele er verfolgt und wie das Unternehmen ihn bei der Erreichung seiner Ziele unterstützen kann. Stellt der Personalverantwortliche womöglich gleich die erste herausfordernde Aufgabe konkret in Aussicht, die der erfolgreiche Kandidat in den ersten Tagen oder Wochen nach Arbeitsbeginn übertragen bekommt, kann das Bewerber besonders beeindrucken.

Für Ypsiloner zählt Selbstverwirklichung

Nur die ersten Jahrgänge der Generation Z sind überhaupt schon in einem Alter, in dem sie sich bewerben und an Auswahlprozessen teilnehmen. Abgesehen von ungelernten Arbeitskräften trifft das also hauptsächlich auf Bewerbungen für Praktika, Ausbildungsplätze und Lehrstellen zu. Dementsprechend jung und unerfahren sind Zler im Umgang mit Auswahlverfahren.

Sie brauchen daher vor allem Hilfestellung und Anleitung. Um sich als attraktiver Arbeitgeber zu positionieren, können Unternehmen zum Beispiel im Vorfeld Trainingseinheiten für Einstellungstests oder Übungen zu Jobinterviews anbieten. Zler werden in der Regel vom Ehrgeiz ihrer Eltern zur Leistung animiert, das heißt, sie wollen durchaus gut abschneiden und einen guten Eindruck machen. Formalitäten bei Papierbewerbungen werden dagegen gerne vernachlässigt, denn wo sonst sind junge Menschen noch gezwungen, sich an Formalien und Umgangsformen zu halten?

Generation Z mag es mobil

Recruiter sollten, wann immer möglich, mit der Generation Z auf deren Kanälen, sprich mobil, virtuell, direkt kommunizieren. Eine SMS oder WhatsApp-Nachricht ist dabei tatsächlich wirkungsvoller als eine E-Mail, denn E-Mail ist für Zler bereits veraltet. Wer die Intervieweinladung trotzdem lieber per E-Mail verschickt, weil einfach mehr Informationen in die Nachricht passen, bittet den Bewerber per Kurznachricht, seine E-Mails abzurufen, ansonsten kann es sein, dass dieser den Termin verpasst. Wenn Recruiter unsicher sind und sich selbst nicht besonders gut mit neuen Medien auskennen, können sie sich moderne Chats von ihren Zler-Kollegen oder von ihren Kindern erklären lassen – sie werden überrascht sein, was sie dabei lernen können.

Generation Z braucht Klarheit

Themen, die im Vorstellungsgespräch von besonderem Interesse sind, hängen in erster Linie mit den Erwartungen zusammen, die der Arbeitgeber an zukünftige Mitarbeiter stellt. Diese sollten so genau wie möglich benannt werden. Statt zum Beispiel zu erklären: „Wir legen großen Wert auf Pünktlichkeit", ist es sinnvoller, dem Zler klar zu sagen „Arbeitsbeginn ist um 8 Uhr morgens und wir erwarten, dass Sie jeden Tag pünktlich erscheinen." Genauso deutlich sollten aber auch angebotene Leistungen erläutert werden. Einem Zler das Jobangebot schmackhaft machen zu wollen, funktioniert eher weniger mit den Worten „zusätzlich zum Gehalt bieten wir vermögenswirksame Leistungen", sondern stattdessen mit einer Erklärung wie: „Zusätzlich zum Gehalt bieten wir vermögenswirksame Leistungen – das bedeutet, wir zahlen zusätzlich zum Gehalt einen monatlichen Betrag auf ein Anlagekonto, das mit einer Sparzulage vom Staat bezuschusst wird; nach Ablauf einer Sperrfrist steht Ihnen das Geld frei zur Verfügung ..."

Ach ja, und wenn die äußere Erscheinung eines Generation-Z-Bewerbers nicht dem Bild eines „anständigen" Kandidaten entspricht, sollten Recruiter in der Lage sein, ein Auge zuzudrücken. Kinder werden von ihren Eltern dazu ermutigt, „sie selbst" zu sein, nicht der Masse nachzueifern, sondern sich selbst zu verwirklichen. Die Wahl der eigenen Kleidung gehört dazu und Piercings oder Tätowierungen sind schon lange nichts Besonderes oder Anstößiges mehr. Man führe sich einmal vor Augen, dass junge Menschen schon jetzt mehr als die Hälfte der Weltbevölkerung stellen und sich das Erscheinungsbild am Arbeitsplatz zukünftig an diesen Generationen orientieren wird und nicht andersherum.

Zusammenfassung Bewerberauswahl

Die wichtigsten Inhalte der vorangegangenen Abschnitte fasst die folgende Tabelle zusammen:

	Babyboomer	Generation X	Generation Y	Generation Z
Auswahlprozess	sind möglicherweise nicht mit modernen Auswahlprozessen vertraut	schätzen flexible Termingestaltung und zeitliche Planbarkeit im Auswahlprozess	fordern Transparenz, Glaubwürdigkeit und Tempo; Feedback ist extrem wichtig	sind oft noch unerfahren im Umgang mit Auswahlprozessen
Bewerbung	klassische Papierbewerbung, Online-Bewerbungen können abschrecken	akzeptieren E-Mail-/ Online-Bewerbungen und virtuelle Auswahlverfahren	kennen multimediale Auswahlverfahren; Papierbewerbungen sind out	finden sich in multimedialen Auswahlverfahren zurecht
Kommunikation	Telefon, Briefpost	E-Mail	soziale Medien	soziale Medien
Vorbereitung	gründliche Vorbereitung (lesen Material)	„Just in time"-Vorbereitung (gezielte Recherche)	minimale Vorbereitung (browsen online)	unterstützte Vorbereitung (Eltern/Schule)
Fragen Sie im Interview nach ...	Erfahrung, Stärken, beruflichen Zielen	Karrierezielen und Job-Vorstellungen	persönlichen Werten und Entwicklungswünschen	Stärken und Lernzielen
Sprechen Sie im Interview an	finanzielle Altersvorsorge, gesundheitsfördernde Zusatzleistungen, Ruhestandsregelungen	flexible Arbeitsmodelle, Weiterentwicklungsmöglichkeiten, langfristige Karriereaussichten	flexible Arbeitsmodelle, Unternehmenskultur, kurz-/ mittelfristige Karriereschritte, Verdienstaussichten	Unternehmenskultur, detaillierte Erwartungen des Arbeitgebers, angebotene Leistungen erklären

2.3 Einarbeitung

Neben der Kandidatenansprache und dem Auswahlprozess gehört auch die Einarbeitung – manchmal Onboarding genannt – als letzter Schritt zum Rekrutierungsprozess. Die Verantwortung für die Einarbeitung tragen zum Teil unterschiedliche Geschäftsbereiche: Während die Personalabteilung organisatorisch oft alles in die Wege leitet, steht der neue Mitarbeiter an seinem ersten Tag trotzdem in der rekrutierenden Abteilung vor seinem neuen Chef und den Kollegen. Die haben es dann in der Hand, den positiven Eindruck aus dem Bewerbungsprozess zu festigen. Eine gelungene Einarbeitung ist ein wesentlicher Grundstein zur langfristigen Mitarbeiterbindung. Dazu gehört neben der fachlichen Einarbeitung vor allem auch die soziale Integration. Worauf die einzelnen Generationen bei der Einarbeitung besonderen Wert legen oder wie Personaler und Vorgesetzte gezielt auf ihre unterschiedlichen Bedürfnisse eingehen können, betrachten wir im folgenden Abschnitt.

Babyboomer sind tendenziell gewissenhaft, sorgfältig und fleißig. Außerdem sind sie gerne gut vorbereitet, denn Unwissenheit kann sie im Wettbewerb zurückwerfen. Daher ist es durchaus sinnvoll, einem neuen Mitarbeiter der Babyboomer-Generation vorab Material zur Verfügung zu stellen, das ihm dabei helfen kann, am ersten Arbeitstag bereits über einige Grundkenntnisse zu Unternehmen, Produktgruppen, Kunden und so weiter zu verfügen. Idealerweise eignen sich dafür Unternehmensbroschüren, Kataloge und Ähnliches. Allein auf die Unternehmens-Homepage oder soziale Medien zu verweisen, wird bei einem Babyboomer nicht unbedingt dazu führen, dass er sich emotional eingebunden fühlt. Also geben oder schicken Sie Ihrem neuen Babyboomer-Mitarbeiter schon vor Arbeitsbeginn einige Unterlagen und er wird sich bereits im Vorfeld dazugehörig fühlen.

Babyboomer schätzen eine gewissenhafte Einarbeitung

Am ersten Tag freut sich jeder neue Mitarbeiter über eine herzliche Begrüßung am Arbeitsplatz. Babyboomer fühlen sich besonders willkommen, wenn sich ihre Kollegen und Ansprechpartner persönlich vorstellen, denn sie bevorzugen direkte Kontakte. Da sie Hierarchien gewohnt sind und diese selbstverständlich respektieren, kann es zum Beispiel eindrucksvoll sein, wenn sich ein höhergestellter Vorgesetzter einen Moment Zeit nimmt, vorbeizuschauen, und den neuen Mitarbeiter persönlich begrüßt. Gleichzeitig sind die internen Hierarchien und Strukturen wichtige Onboarding-Elemente, die ein Babyboomer gerne frühzeitig erfährt, um sich daran zu orientieren und durch das Organisationsgefüge erfolgreich navigieren zu können.

Babyboomern ist soziale Integration wichtig

Während des Onboardings sind für Babyboomer sowohl die fachliche Einarbeitung als auch die soziale Integration wesentlich. Sie wollen so schnell wie möglich ihren Beitrag zum Unternehmenserfolg leisten und ihre Bereitschaft dazu unter Beweis stellen. Daher sind Einführungen aller Art zu Beginn des neuen Arbeitsverhältnisses eine gute Idee, ohne den neuen Mitarbeiter gleich zu überfordern. Wichtig ist, dass sich alle Beteiligten Zeit nehmen und kein hektisches oder flüchtiges Training zwischen Tür und Angel stattfindet. Auch einen Babyboomer alleine in die Ecke zu setzen mit einem Stapel Broschüren oder vor einen Bildschirm und ihn seinem Onboarding-Schicksal zu überlassen ist keine gute Idee. Babyboomer lernen deutlich lieber von realen Ansprechpartnern und Kollegen als von Avataren oder über irgendwelche autodidaktischen Maßnahmen.

Babyboomer wissen gerne, was sie erwartet. Ein „Onboarding-Fahrplan" über die ersten Wochen im Unternehmen vermittelt Struktur, Sicherheit und ermöglicht eine entsprechende Vorbereitung. Gleichzeitig sollte man bei Babyboomern immer daran denken, dass sie bereits weitreichende Erfahrungsschätze mitbringen. Deshalb ist es durchaus sinnvoll, sie zu Beginn einer Einführungseinheit zu fragen, welche Bereiche, Systeme oder Prozesse ihnen vertraut sind. Andererseits sollte man nicht automatisch irgendwelches Vorwissen unterstellen oder voraussetzen, denn Babyboomer werden kaum signalisieren, wenn sie eine Erwartung nicht sofort erfüllen – stattdessen gehen sie gestresst nach Hause und versuchen, sich fehlende Kenntnisse anderweitig anzueignen.

Für Babyboomer ist es mitunter ein seltsames Gefühl, wenn die Personen, von denen sie angeleitet oder eingewiesen werden, deutlich jünger sind als sie selbst. Heutzutage entspricht das allerdings oft der Realität. In so einer Situation kann es hilfreich sein, dem neuen Mitarbeiter von vornherein seine Zweifel zu nehmen, indem im Unternehmen Generationenvielfalt offen kommuniziert, gefördert und praktiziert wird, zum Beispiel in Form von Workshops, Initiativen oder Reverse Mentoring, bei dem jüngere Mitarbeiter älteren Kollegen als Mentoren zur Seite stehen. Auch das kann eine kurze Einheit des Onboarding-Programms sein.

Vertreter der Generation X sind ebenfalls gerne gut vorbereitet, denn sie zeichnen sich am liebsten durch Produktivität und Kompetenz aus. Um Flexibilität und Effizienz zu optimieren, vermeiden Xer allerdings unnötigen Papierkram und sind froh, wenn sie sich Vorabinformationen im Internet beschaffen können. Dabei fokussieren sie sich gerne auf das Wesentliche, vermeiden spielerischen Schnickschnack und lesen sich schlau. Eine Vorab-Vernetzung über professionelle Online-Netzwerke kommt wahrscheinlich gut an und entsprechende Kontaktanfragen von zukünftigen Kollegen und Vorgesetzten werden Xer gern annehmen, ohne daraufhin sofort weitere Interaktionen zu erwarten.

Generation X – möglichst schnell kompetent

Xer freuen sich am ersten Tag besonders über einen zweckmäßig und vollständig eingerichteten Arbeitsplatz, sozusagen ihr eigenes kleines Territorium, in dem sie sofort loslegen und produktiv sein können. Dazu gehört der Zugriff auf relevante Ressourcen ebenso wie das Wissen um mögliche Ansprechpartner. Diese Grundlagen sind für Xer extrem wichtig und sollten kurz und knapp zur Verfügung stehen, egal, ob in gedruckter

Form oder online. Ein Geschäftsessen zum Mittag mit Kollegen zwecks Informationsaustausch rundet den ersten Tag mit einer sozialen Interaktion ab.

Xer schätzen Zweckmäßigkeit

Xer arbeiten in der Regel auch alleine effektiv und zielgerichtet, somit kann ihr Onboarding durchaus E-Learning-Elemente und Self-Service beinhalten. Sie sind virtuellen Inhalten gegenüber nicht abgeneigt, sondern schätzen daran, dass sie ihre Zeiteinteilung und Kontrolle selbst in der Hand haben. Wenn sie Hilfe brauchen, werden sie danach fragen, weshalb es wichtig ist, die richtigen Ansprechpartner zu kennen. Gleiches gilt in ähnlicher Form für das notwendige Ausfüllen irgendwelcher Formulare und Unterlagen zu Beginn des Arbeitsverhältnisses. „Auf Abruf" heißt die Zauberformel, um auch diesen Teil des Onboardings für Xer effizient und unkompliziert zu gestalten.

Für Xer steht die fachliche Einarbeitung im Vordergrund. Nicht weil sie soziale Kontakte ablehnen oder ihren Kollegen gegenüber weniger aufgeschlossen sind, sondern weil sie Berufs- und Privatleben tendenziell lieber voneinander trennen. Natürlich sind sie interessiert an anderen Mitarbeitern und Kunden, allerdings mehr von einer zweckmäßigen Perspektive aus. Schließlich sind sie am Arbeitsplatz, „um einen Job zu machen und nicht zum Vergnügen". Diese Einstellung eckt besonders bei jüngeren Generationen oft an und wird Xern zum Nachteil ausgelegt. Eine willkommene Form der sozialen Integration für Xer, weil karriereförderlich, ist klassisches Mentoring innerhalb der Organisation.

Generation X ist zielorientiert

Ein wichtiger Onboarding-Aspekt für alle Generationen, aber von Xern besonders geschätzt, ist eine frühe Einführung ins Performance-Management des Unternehmens. Xer arbeiten gerne zielgerichtet und wollen wissen, inwiefern und von wem sie wann beurteilt werden. Im Rahmen der ersten Wochen bereits Zielvereinbarungen zu treffen, ist für Xer besonders wichtig. Zwar sind sie in der traditionellen Arbeitswelt der Babyboomer groß geworden und es gewohnt, dass sich neue Mitarbeiter

erst etablieren und profilieren müssen, bevor sie sich weiterentwickeln können, doch umso mehr kann man Vertreter der Generation X beeindrucken und motivieren, wenn ihnen bereits
in den ersten Wochen nach Firmeneintritt spannende Entwicklungsmaßnahmen offeriert werden.

Bevor ein Ypsiloner seinen ersten Arbeitstag hat, wird er von
sich aus im Internet surfen und diverse Informationen über
den Arbeitgeber abrufen. Dabei beschränkt er sich keinesfalls
auf Daten und Fakten der Unternehmens-Homepage, sondern
sucht vor allem in sozialen Medien, wie Videoportalen und
Netzwerken, nach interessanten Eindrücken, die im multime-
dialen Dschungel seine Aufmerksamkeit wecken. Dazu wird ein
typischer Ypsiloner weniger angetrieben, weil er gut vorbereitet
seinen neuen Job anfangen will, sondern vielmehr aus Neugier
und spielerischer Beschäftigung mit dem Internet. Diese Netz-
affinität kann man sich als Arbeitgeber durchaus zunutze machen, indem man wichtige Onboarding-Elemente bereits vorab
online zur Verfügung stellt. Diese sollten dann aber auch interaktiv und ansprechend gestaltet sein, zum Beispiel in Form von
animierten Webseiten oder Online-Spielen.

**Generation Y –
Onboarding
digital**

Der erste Tag beziehungsweise die erste Woche ist für Ypsiloner
der wichtigste Zeitraum der Einführungsphase, denn wenn es
dem Unternehmen nicht gelingt, in dieser Zeit einen positiven
Eindruck zu festigen, ist der neue Y-Mitarbeiter mitunter wieder
weg, bevor die eigentliche Einarbeitung beendet ist. Dabei stehen die soziale Integration und spannende Aufgaben während
des Onboardings deutlich im Vordergrund. Ypsiloner möchten erfahren (nicht nur wissen), mit wem sie es am Arbeitsplatz
zu tun haben. Idealerweise lernt man sich persönlich kennen,
aber auch virtuelle Kontakte sind beliebt. So ist selbst ein kurzer
Instant-Message-Chat mit wichtigen internen Kontakten von
keinem Powerpoint-Organigramm zu toppen.

Überhaupt ist ein Dialog immer besser als Präsentationen, langweiliges E-Learning, traditionelle Handbücher oder ähnliche Arbeitsunterlagen, selbst wenn sie online abrufbar sind. Passiv Informationen zu verarbeiten ist keine Stärke der Ypsiloner. Sie wollen mitmachen, und zwar vom ersten Tag an. Um das Onboarding insgesamt vielseitig zu gestalten, bieten sich abwechslungsreiche Einführungsveranstaltungen mit Entertainment-Charakter an, zum Beispiel in Form von Quizfragen oder einer Schnitzeljagd über das Betriebsgelände. Dabei sollte der eigentliche Wissenstransfer kurzweilig, spielerisch und häppchenweise dosiert sein. Wesentlich ist, dass der Spaß-Faktor nicht zu kurz kommt und eine emotionale Bindung zu Arbeitgeber und Kollegen entsteht.

Ein ausgewogener Mix aus persönlichen Interaktionen und Online-Elementen ist ideal. Im Kontakt zu anderen ist den Ypsilonern wichtig, von Anfang an zu spüren, dass sie zum Team gehören. Hierarchien und Formalien stehen diesem Wunsch eher im Weg und werden als hinderlich und unnötig empfunden. Stattdessen möchten Ypsiloner Gleichgesinnte treffen, die ihre Leidenschaft und ihre Ziele teilen. Ein gegenseitiger Austausch findet idealerweise in ungezwungener Atmosphäre statt, gerne auch im After-Work-Format. Ein sogenanntes „Buddy System", bei dem einem neuen Mitarbeiter ein Kollege als konkreter Ansprechpartner zur Seite steht, kann beim Onboarding helfen. Ebenfalls hoch im Kurs steht bei Ypsilonern das Mentoring, denn sie sind aufgeschlossen und lernen gerne von erfahreneren Kollegen.

Ypsiloner müssen von Anfang an bei der Stange gehalten werden, denn ihnen wird schnell langweilig und sie zögern nicht lange, aufzuhören, wenn ihnen etwas nicht gefällt. Ihnen gleich zu Beginn ihrer Beschäftigung wichtige Aufgaben zu übertragen, die sie selbstständig, aber unter Anleitung ausführen können, ist für Arbeitnehmer und Arbeitgeber eine reizvolle Maßnahme, um ihre Potenziale von Anfang an auszuschöpfen. Besonders wichtig ist es auch, ihnen regelmäßig Feedback zu geben, am besten in Form von Bestätigung. Möglichst zeitnah Termine für Follow-up-Gespräche festzulegen signalisiert, dass sie ernst genommen werden, und festigt zwischenmenschliche Beziehungen.

Im Wesentlichen gelten für Zler sehr ähnliche Empfehlungen wie für die Generation Y, denn auch Zler sind permanent im Internet unterwegs. Somit können ihnen bereits vor Beginn des Beschäftigungsverhältnisses diverse Inhalte online vermittelt werden. Dabei setzen sie noch mehr als Ypsiloner auf visuelle und interaktive Formate, wie zum Beispiel Videoclips oder Rollenspiele. Wichtig ist, dass sämtliche Web-2.0-Inhalte mobil konsumierbar und mit anderen zu teilen sind, um die Generation Z zu erreichen. Wer als Arbeitgeber noch unschlüssig vor der scheinbar unlösbaren Aufgabe steht, ein Online-Medium zur Einführung neuer Zler zu kreieren, kann diese Aufgabe vertrauensvoll an bereits vorhandene Z-Kollegen in der Belegschaft weitergeben und sich von den Ergebnissen überraschen lassen.

Generation Z – Onboarding 2.0

Zu Beginn des Onboardings für die Generation Z macht man sich am besten noch einmal klar, dass diese jungen Menschen vorher noch nie im Leben gearbeitet haben und gerade ihre allererste Arbeitsstelle antreten. Konkret heißt das, dass sie bisher in der Obhut ihrer Helikopter-Eltern standen und durch den Schulalltag einen relativ geregelten und durchstrukturierten Tagesablauf hatten. Dazu gehörten mehr oder weniger klare Regeln, Aufgaben, Vorschriften und ein etabliertes Bewertungssystem durch die Lehrer. Dieses stabile Umfeld wird nun durch einen Arbeitsplatz ersetzt, an dem vieles möglicherweise nicht so planbar und für den jungen Menschen weit weniger klar ist.

Anders als zu Zeiten älterer Generationen, die ja auch irgendwann einmal am Anfang ihrer beruflichen Laufbahn standen, heißt das aber nicht, dass Zler davon ausgehen, dass sie sich erst einmal eine gewisse Position oder ihre Stellung im Unternehmen erarbeiten zu müssen. Vielmehr haben Zler eine gewisse Erwartungshaltung, die ihnen anerzogen wurde. Schließlich

Zler zeigen wenig Eigeninitiative

sollen sie es einmal weit bringen, um den Zukunftsvorstellungen ihrer ehrgeizigen Eltern gerecht zu werden. Für den Arbeitgeber bedeutet dies, im Rahmen der Einarbeitung nicht unbedingt viel Eigeninitiative von Zlern zu erwarten, denn sie sind es gewohnt, bespaßt und unterhalten zu werden beziehungsweise klare Vorgaben zu erhalten, was zu tun ist.

Zler brauchen Stabilität

Auch empfiehlt es sich, bei der Einführung von Zler-Mitarbeitern unbedingt genaue Anweisungen zu geben und deutlich auszusprechen, welche Regeln am Arbeitsplatz gelten. Das können so vermeintlich logische Dinge sein wie eine implizite Kleiderordnung, Anwesenheitszeiten oder Instruktionen für den Umgang mit Kunden und Kollegen. Besonders zutreffend ist diese Empfehlung, wenn Kunden und Kollegen älteren Generationen angehören, deren Verständnis von Höflichkeit und allgemeinen Umgangsformen anders ist als die der Generation Z. Während sich in der Regel alle Generationen einig sind, dass ein respektvoller und freundlicher Umgang miteinander wünschenswert und wichtig ist, bringen sie Respekt und Wertschätzung mitunter sehr unterschiedlich zum Ausdruck, was dann zu Missverständnissen und Spannungen führen kann.

Erfahrene Mitarbeiter, die Zler einarbeiten und anleiten sollen, berichten, dass sie die jüngste Generation am Arbeitsplatz zwar durchaus als lernwillig, aber auch als „anstrengend" empfinden, denn Zler fordern permanent Aufmerksamkeit und ständige Rückmeldung. Erhalten sie diese Form der Zuwendung, sind sie durchaus motiviert und leistungsfähig. Von den Eltern entsprechend großgezogen, ist positive Bestätigung die Währung für den Leistungsansporn der Zukunft.

Zusammenfassung Einarbeitung

Die wichtigsten Inhalte der vorangegangenen Abschnitte fasst die folgende Tabelle zusammen:

	Babyboomer	Generation X	Generation Y	Generation Z
Vor dem 1. Tag	greifbares Material im Voraus zur Verfügung stellen	Vorabinformationen im Internet abrufbar machen	interaktives Online-Onboarding mit Spaßfaktor gestalten	Web-2.0-Inhalte, visuelle Formate, mobil konsumierbar
Präferenz	persönliche Einweisung von Kollegen	zweckmäßige E-Learning-Elemente und Self-Service	Austausch mit Gleichgesinnten, Buddys, Mentoring	Lernen von kompetenten Profis, persönlich und virtuell
Im Vordergrund steht ...	fachliche Einarbeitung, soziale Integration	fachliche Einarbeitung, Effizienz	soziale Integration, spannende Aufgaben, Abwechslung	Lernkurve, individuelle Betreuung
Pluspunkte gibt es für ...	eine frühzeitige Orientierung zu internen Hierarchien und Strukturen	einen bezugsfertigen Arbeitsplatz, Zugriff auf Ressourcen und Ansprechpartner	Einführungsveranstaltungen mit Entertainment-Charakter	genaue Anweisungen und klar kommunizierte Erwartungen
Profi-Tipp	Ein zu Beginn ausgehändigter „Onboarding-Fahrplan" vermittelt Struktur, Sicherheit und ermöglicht eine sorgfältige Vorbereitung.	Eine frühzeitige Zielvereinbarung und Einführung ins Performance-Management klärt Verantwortlichkeiten und Prozesse zur Leistungsbeurteilung.	Unverzügliches Feedback und ein kurzweiliger, spielerischer Wissenstransfer mit Spaßfaktor fördern eine frühzeitige emotionale Bindung.	Anleitung und Unterstützung anbieten und nicht unbedingt viel Eigeninitiative erwarten, Zler sind es gewohnt, „bespaßt" zu werden.

Nachdem neue Mitarbeiter rekrutiert und eingearbeitet wurden, steht vor allem die Personalführung und -bindung im Vordergrund. Deshalb beschreibt das nächste Kapitel, wie Mitarbeiter unterschiedlicher Generationen motiviert werden können.

Praxisseite

Wie sieht es mit der Personalbeschaffung in Ihrem Unternehmen aus: Findet in diesem Bereich eine generationsspezifische Zielgruppensegmentierung statt?

_____

_____

_____

_____

Wie könnten Sie die Kandidatenansprache für Babyboomer, Xer, Ypsiloner und Zler in Ihrem Unternehmen optimieren?

_____

_____

_____

Wie könnten Auswahlprozesse generationsspezifisch angepasst werden?

_____

_____

_____

_____

Wie könnte die Einarbeitung für Vertreter der vier Generationen verbessert werden?

_____

_____

_____

_____

Mit wem möchten Sie diese Thematik gezielt besprechen, um Veränderungen anzustoßen? Wer könnte Ihnen bei der Umsetzung helfen?

_____

_____

_____

_____

Für Ihre Notizen:

_____

_____

_____

_____

_____

3 Mitarbeitermotivation

Um ihre Mitarbeiter langfristig ans Unternehmen zu binden und sie zu Höchstleistungen zu animieren, setzen Arbeitgeber verstärkt auf Motivationsmaßnahmen. Auch diese Maßnahmen können typischen Generationsprofilen angepasst werden, um die Arbeitnehmer verschiedener Generationen bestmöglich anzusprechen. Dabei gibt es eine Vielzahl von Themenbereichen, die sich zur Mitarbeitermotivation eignen: die Gestaltung des Arbeitsplatzes, der Einsatz technologischer Hilfsmittel, das Hierarchie- und Organisationsgefüge im Unternehmen oder die vorherrschende Kleiderordnung. Für all diese Aspekte lassen sich Präferenzen der verschiedenen Generationen feststellen und entsprechende Empfehlungen aussprechen. In diesem Kapitel wollen wir uns allerdings drei Themen widmen, die besonders oft zu Spannungen zwischen den Generationen führen: Kommunikation, Zusammenarbeit und Führungsverhalten. An jedem Arbeitsplatz, an dem zwei oder mehr Mitarbeiter zusammenkommen und miteinander arbeiten, entstehen Handlungsfelder in diesen drei Bereichen, unabhängig von Branche, Standort oder Unternehmensgröße. Fragt man Menschen nach ihren Erfahrungen mit anderen Generationen, tauchen diese Themen besonders häufig auf, vor allem, wenn es um negative Beispiele geht. Gleichzeitig kann man gerade in diesen drei

Bereichen mit kleinen Veränderungen und relativ wenig Aufwand, oft sogar gänzlich ohne finanzielle Investition, einen deutlichen Akzent zur Mitarbeitermotivation setzen. Umso verwunderlicher, dass viele Unternehmen gerade hier auch die größten Defizite haben, wenn es um die generationsspezifische Umsetzung geht.

3.1 Kommunikation

Nüchtern betrachtet ist mit Kommunikation schlichtweg der Austausch von Informationen zwischen einem Sender und einem oder mehreren Empfängern gemeint. Dabei unterscheidet man zwischen dem Inhalt der Mitteilung und den Kommunikationskanälen Stimme und Körpersprache, also Mimik, Gestik, Blickkontakt und so weiter. Auch die genutzten Kommunikationsmedien spielen eine große Rolle, ebenso wie die Kommunikationsstruktur, die bestimmt, wie der Informationsfluss innerhalb einer Gruppe oder innerhalb eines Organisationsgefüges erfolgt. All diese Aspekte der Kommunikation lassen sich beeinflussen, um die Mitarbeitermotivation zu fördern. Wie in vielen anderen Bereichen auch hat natürlich jeder Mensch individuelle Kommunikationspräferenzen, die sich nicht über einen Kamm scheren lassen, und im Idealfall kennen sich Mitarbeiter und Vorgesetzte oder Kollegen untereinander gut genug, um ihre Kommunikation entsprechend anzupassen. Das ist jedoch nicht immer der Fall und somit kann ein besseres Verständnis von typischen Kommunikationsmustern verschiedener Generationen hilfreich sein, Vielfalt im Unternehmen zu leben und dadurch die Mitarbeitermotivation zu steigern.

Babyboomer kommunizieren am liebsten persönlich oder am Telefon. Von Angesicht zu Angesicht mit einer Person zu sprechen gestattet es neben dem eigentlichen Inhalt der Mitteilung vor allem auch, die nonverbale Kommunikation gebührend in den gegenseitigen Austausch mit einzubeziehen und

Babyboomer kommunizieren persönlich

die menschliche Beziehungskomponente zwischen den Beteiligten zu stärken. Am Telefon ist dies zumindest noch über die Stimme möglich. Natürlich kommunizieren auch Babyboomer notgedrungen per E-Mail, allerdings lassen sie sich mitunter Zeit damit, eine Nachricht sorgfältig zu beantworten, und sind hauptsächlich zu Geschäftszeiten online.

Babyboomer respektieren Hierarchien

Babyboomer richten ihre Kommunikation gern explizit an einen Empfänger oder zumindest an einen genau definierten Empfängerkreis. Auf diese Weise ist ihre Mitteilung an die Zielgruppe angepasst und persönlicher. Wenn Babyboomer im beruflichen Kontext kommunizieren, ist es außerdem wichtig für sie, Hierarchien zu respektieren, eine gewisse Form einzuhalten und ihr „Gesicht zu wahren". Zum Beispiel befolgen sie vornehmlich traditionelle „Top-down"-Abläufe in der formellen Kommunikationsstruktur und teilen schlechte Nachrichten nur mit dem absolut notwendigen kleinsten Kreis. Das kann dazu führen, dass ihre Kommunikation von anderen Generationen als zeitverzögert, wenig transparent und ausgrenzend empfunden wird.

Babyboomer sind diplomatisch

Der Kommunikationsstil von Babyboomern ist diplomatisch und umsichtig. Sie überlegen sich in der Regel genau, was sie wem sagen und wie, egal ob mündlich oder schriftlich. Dabei wägen sie bereits im Vorfeld mögliche Konsequenzen ab und haben natürlich aufgrund ihres Alters den Vorteil, aus den Erfahrungen der Vergangenheit gelernt zu haben, um bestimmte Fehler zu vermeiden. Auch ihr äußeres Erscheinungsbild im Beruf ist Teil ihrer Kommunikation: Für Babyboomer ist förmliche Büro- oder Arbeitskleidung ein Ausdruck von Respekt und Autorität. Anhand der Kleidung können sie die eigene Position und ihren Status darstellen und die Hierarchiezuordnung anderer ablesen.

Der Ton der Babyboomer-Kommunikation ist meist freundlich und zuvorkommend. Höflichkeit und gute Umgangsformen sind wichtig, denn sie sind ein Zeichen von respektvollem Umgang miteinander. Dazu gehört zum Beispiel auch, jemanden korrekt mit seinen Titeln anzusprechen, die Form im Schriftverkehr zu wahren, Texte auf Fehler zu überprüfen, bevor man sie abschickt, Termine im Voraus zu vereinbaren, Dankesnachrichten zu schicken und so weiter. All dies sind Beispiele von Verhaltensweisen in der Kommunikation, die für Babyboomer selbstverständlich sind, von anderen Generationen aber häufig nicht praktiziert werden, weil sie als veraltet und unwichtig empfunden werden. Für den Babyboomer ist das dann mitunter ein persönlicher Affront – für sein jüngeres Gegenüber schlichtweg normal.

Babyboomer sind grundsätzlich eher team- und konsensorientiert. Deshalb bilden sie gerne Komitees und Gremien, in denen Projekte zuerst hinreichend diskutiert und Alternativen abgewogen werden, bevor die Gruppe eine Entscheidung trifft. Risiken gilt es möglichst zu vermeiden, je harmonischer die Kommunikation, desto besser. In Konfliktsituationen kann das dazu führen, dass Babyboomer nicht direkt widersprechen, wenn ein Komitee Entscheidungen trifft, dafür aber hinterher ihr Missfallen in kleinen Grüppchen hinter vorgehaltener Hand zum Ausdruck bringen.

Die Xer darf man getrost als „E-Mail-Generation" bezeichnen. **Generation X** Zwar sind sie nicht gerade mit E-Mails groß geworden, haben **kommuniziert** sich jedoch dem technologischen Fortschritt angepasst und **professionell** wissen die Vorteile elektronischer Medien wie Effizienzsteige- **und produktiv** rung und Flexibilität zu schätzen. E-Mails erlauben es, mehrere Empfänger gleichzeitig zu erreichen, Wartezeiten verkürzen sich und Zeitzonen sind nicht mehr relevant, denn Nachrichten können zu jeder Tages- und Nachtzeit geschrieben, gelesen und beantwortet werden. Die zwischenmenschliche Komponente rückt zugunsten von Produktivität in den Hintergrund. Zusätzlich versuchen sich auch immer mehr Xer an der Kommunikation über soziale Medien, nicht zuletzt, um mit ihren Kindern der Generation Z Schritt zu halten.

Xer mögen es pragmatisch Xer sind in Bezug auf den Empfängerkreis ihrer Kommunikation gern pragmatisch. Sie kommunizieren eher auf „Need to know"-Basis, davon ausgehend, dass das, was ihnen selbst am liebsten ist, auch anderen angemessen erscheint. Xer arbeiten gerne selbstständig und sind froh, wenn sie sich nur mit Kommunikation auseinandersetzen müssen, die ihre Arbeit oder sie selbst unmittelbar betrifft. Formalien sind nur dann wichtig, wenn sie die eigene Kompetenz untermauern oder eine Nachricht an hierarchisch höhergestellte Empfänger geht. Untereinander oder an rangniedrigere Kollegen kommunizieren Xer mitunter kurz und knapp, ohne Rücksicht auf Wahrung der Form. Während nachfolgende Generationen keine formvollendete Kommunikation erwarten, ist Inklusion ein wesentlicher Schlüssel zu ihrer Motivation, den Xer häufig unterschätzen.

Insgesamt ist der Kommunikationsstil der Generation X eher direkt und prägnant. Aussagen werden auf den Punkt gebracht und Xer reden nicht lange um den heißen Brei herum. Sie kommen zur Sache und „reden Tacheles", sparen sich Höflichkeiten, Vorgeplänkel und leider auch manchmal die Zeit, die es braucht, überhaupt erst einmal eine Beziehung zum Gesprächspartner aufzubauen. Andere Generationen empfinden typische Xer-Kommunikation mitunter als minimalistisch und wenig empathisch. Gleichzeitig schätzen sie zu wissen, woran sie sind, wenn sie es mit einem Xer zu tun haben.

Xer wollen Kompetenz vermitteln Der Ton der Xer-Kommunikation ist vor allem eins: geschäftsmäßig. Mitteilungen sind eher unpersönlich und enthalten ausgesprochen selten private Informationen. Das mag auf andere Generationen kühl und distanziert wirken, ist für Xer aber nur eine logische Konsequenz aus Professionalität und beharrlichem Streben nach Produktivität. In Bezug auf ihr äußeres Erscheinungsbild am Arbeitsplatz wissen Xer ganz genau, dass ihre weitere berufliche Entwicklung von Babyboomer-Vorgesetzten abhängt, denen förmliche Kleidung wichtig ist. Daher versuchen sie auch über ihr Erscheinungsbild Kompetenz und Erfahrung zu vermitteln.

Anders als Babyboomer sind Xer nicht konfliktscheu. Sie beschönigen nichts, widersprechen, wenn sie Einwände haben, und bringen Missfallen offen zum Ausdruck. Sie wagen es, (einsame) Entscheidungen zu treffen, auch wenn das bedeutet, kalkulierte Risiken einzugehen oder sich gegen eine vorhandene Mehrheit zu stellen, und sie diskutieren und debattieren, wenn es darum geht, ihre Meinung zu verteidigen. Diese vermeintliche „Protesthaltung" resultiert jedoch nicht aus Streitsucht oder Starrsinn, vielmehr sind Xer Freunde klarer Worte und deutlicher Kommunikation. Es frustriert sie, wenn sie im Austausch mit anderen relevante Kernaussagen erst einmal mühsam zwischen Floskeln und unnötigem Palaver herausfiltern oder mehrdeutige Bemerkungen hellseherisch interpretieren müssen.

Ypsiloner sind mit digitalen Medien groß geworden, sie fühlen sich in sozialen Online-Netzwerken genauso zu Hause wie auf dem heimischen Sofa. Sie sind quasi rund um die Uhr online und kommunizieren auf mehreren mobilen Endgeräten gleichzeitig. Das Versenden von Kurznachrichten ist dabei besonders beliebt: SMS, Instant Messaging oder Chat, Anwendungen wie WhatsApp oder Twitter stehen bei der Generation Y hoch im Kurs. Zwar mögen auch Ypsiloner den persönlichen Kontakt, sie brauchen ihn aber nicht, um Beziehungen zu ihren Gesprächspartnern aufzubauen. Allerdings bleibt bei der Nutzung digitaler Medien die nonverbale Kommunikation und damit eine wichtige Verständigungsebene aus Sicht älterer Generationen auf der Strecke. Diese attestieren Ypsilonern eingeschränkte Sozialkompetenz, möglicherweise zurückzuführen auf den Mangel an persönlicher Interaktion im Umgang mit anderen.

Generation Y = digital und authentisch

Das World Wide Web ermöglicht Kommunikation in Echtzeit und in ungeahntem Ausmaß. Es verbindet Menschen überall auf der Welt und macht sie zu potenziellen Empfängern multimedialer Nachrichten, die eine klar definierte Zielgruppe oder Millionen Internetnutzer gleichzeitig ansprechen können. Dabei haben Ypsiloner keine Scheu davor, Letzteres zu tun. Bereit-

Generation Y kommuniziert 24/7

willig teilen sie Inhalte mit jedem, den es interessieren könnte, vollkommene Transparenz ist ihnen nicht unangenehm. Im Gegenteil, sie erwarten sogar, dass ihnen sämtliche Informationen frei zur Verfügung stehen, und filtern sich dann das heraus, was für sie im jeweiligen Moment relevant ist. Hierarchien treten für die Generation Y völlig in den Hintergrund und verlieren an Bedeutung.

Ypsiloner mögen es informell Der Kommunikationsstil der Ypsiloner ist unmittelbar, locker und kurzweilig, manchmal sogar spielerisch. Sie haben eine kurze Aufmerksamkeitsspanne und mögen es gern abwechslungsreich. Vor allem jüngere Ypsiloner sprechen, schreiben und chatten umgangssprachlich, ungeachtet jeglicher Formalien oder korrekter Orthografie. Visuelle Elemente und sogenannte Emoticons ergänzen Textnachrichten, vereinfachen die Übermittlung von Botschaften und sorgen für Spaß und Humor in der Kommunikation. Aufgrund ihrer Tendenz zur Transparenz haben Vertreter der Generation Y keine Probleme damit, persönliche Informationen zu teilen. Im Gegenteil, sie finden das normal und es hilft ihnen, Beziehungen aufzubauen. Ältere Generationen sind bisweilen irritiert von derartiger „Unprofessionalität" und „mangelndem Respekt".

Genau das ist jedoch eine weitverbreitete Fehlinterpretation: Der offene, informelle Umgangston der Yer-Kommunikation ist keinesfalls respektlos gemeint. Vielmehr ist er authentisch und tatsächlich wertschätzend, denn diese Generation kommuniziert am liebsten auf Augenhöhe. Hierarchisch motivierte Kommunikation „von oben herab" empfinden Ypsiloner dagegen als Bevormundung und mangelnde Verbundenheit. Auch bei der Wahl ihres Outfits setzt die Generation Y auf Authentizität und individuelle Ausdrucksformen. Anstelle von Autorität und Kompetenz ist es ihnen auch am Arbeitsplatz wichtiger, ihre Persönlichkeit zu vermitteln, denn in erster Linie interessiert den Ypsiloner der Mensch und nicht sein Titel.

Die Generation Y ist nicht unbedingt konfliktscheu, vermeidet aber direkte Konfrontation. Von klein auf von ihren Helikopter-Eltern behütet und von Auseinandersetzungen verschont, zählt Durchsetzungsvermögen nicht unbedingt zu ihren Stärken. Wenn ihnen etwas nicht gefällt oder zu schwierig erscheint, geben Ypsiloner lieber auf oder wechseln den Arbeitgeber, Partner, Anbieter ... Ihre vielen Fragen können Kollegen oder Vorgesetzte allerdings schon mal zur Verzweiflung bringen. So ermüdend es auch sein mag, ältere Generationen tun gut daran, sich dafür Zeit zu nehmen, denn das häufige Nachfragen ist nicht respektlos, aufmüpfig oder uneinsichtig gemeint, sondern ist tatsächlich eine Form von aufrichtigem Engagement und dient – richtig gehandhabt – der Motivation.

Zler sind nicht weniger im Internet zu Hause als Ypsiloner, auch sie sind permanent online, und das zunehmend mobil. Während Vertreter älterer Generationen möglicherweise noch eine Digitalkamera, einen Laptop, ein Handy und einen iPod im Handgepäck haben und sich damit bereits hochmodern ausgestattet fühlen, nutzen Zler alle Anwendungen auf einem einzigen Endgerät beziehungsweise bedienen sich aus der Cloud, die mehrere Apparate drahtlos synchronisiert. Dabei ist gerade das Smartphone für Zler wie ein zusätzlicher Körperteil, ohne den sich viele junge Menschen ihr Dasein nicht vorstellen können. Auch visuelle Medien gewinnen an Bedeutung. Selfies in sozialen Netzwerken, Internet-Video-Portale oder Reality-TV sind bei Zlern äußerst beliebt.

Generation Z
= Generation
Smartphone

Auch die fortschreitende Globalisierung macht vor digitalen Medien keinen Halt: YouTube-Stars sind international bekannt, Fernseh-Formate werden in aller Herren Länder kopiert und Gewinner von Talent-Shows feiern weltweit Erfolge. Kommunikation kennt quasi keine Grenzen mehr. Einer Studie zufolge kommunizieren 25 Prozent der Zler täglich mit Gleichaltrigen außerhalb ihres Heimatlandes. Dabei wird die Kommunikation unter Zlern noch schnelllebiger und Kurznachrichten werden noch kürzer. Der hauptsächlich von Jugendlichen genutzte

Zler
kommunizieren
global

Dienst Snapchat zum Beispiel ermöglicht es, Fotos an Freunde zu versenden, die nur eine bestimmte Anzahl von Sekunden sichtbar sind und sich dann selbst zerstören. Viele Textnachrichten bestehen nur noch aus Icons, Symbolen und Kürzeln, die kaum jemand versteht, der nicht der Jugendkultur der Generation Z angehört.

Zler mögen es unkompliziert und leicht verdaulich

Somit setzt sich der Trend zu visueller, informeller und formloser Kommunikation weiter fort. Der Stil der Zler ist unkonventionell und kurzlebig. Beim Schreiben beziehungsweise Tippen verzichten sie auf Interpunktion, Großschreibung und Sorgfalt. Als orthografisch akzeptabel gilt, was die automatische Rechtschreibkorrektur erkennt – oder auch nicht. Hauptsache, Inhalte sind unkompliziert, schnell konsumierbar und leicht verdaulich. Gerade diese kurze Aufmerksamkeitsspanne ist für Vertreter älterer Generationen eine Herausforderung. Sie selbst können kaum mithalten, geschweige denn, selbst derart kommunizieren. Dass auf diese Weise überhaupt irgendwelche seriösen Informationen vermittelt werden können, erscheint ihnen nahezu unmöglich.

Der Ton der Zler-Kommunikation ist in erster Linie echt und unverfälscht. Tendenziell sind sie dank ihrer Xer-Eltern praktisch und geradlinig veranlagt. Auf jeden Fall wollen sie ehrliche Antworten. Integrität und Klarheit sind wichtig, um ihr Vertrauen zu gewinnen. Zler sind in dieser Beziehung reif für ihr Alter, sie wollen nicht geschont werden und wollen keine beschönigten Auskünfte. Sie haben eine gesunde Portion Realismus und wissen um die Krisen in der Welt, schließlich sind sie ständig online und erfahren dort sowieso, was sie wollen. Ihrem Bedürfnis nach Sicherheit und Stabilität in einer unbeständigen Welt können ältere Generationen entgegenkommen, indem sie offen und aufrichtig mit ihnen kommunizieren.

Entscheidungen treffen Zler relativ schnell und eigenständig. Sie fühlen sich gut informiert, da ihnen das gesamte World Wide Web per Touchscreen-Berührung zur Verfügung steht.

Dass nicht alles, was Google und Co. behaupten, tatsächlich korrekt ist, wird sie ihre zukünftige Lebenserfahrung noch lehren. In Konfliktsituationen verhalten sich Zler tendenziell zurückhaltend. Ähnlich wie Ypsiloner haben sie oft nicht gelernt, sich gegen Widerstände durchsetzen zu müssen. Gerade in diesem Bereich können ältere Kollegen und Vorgesetzte sich als Mentoren starkmachen und ihnen das nötige Rüstzeug beibringen.

Zusammenfassung Kommunikationspräferenzen

Die wichtigsten Inhalte der vorangegangenen Abschnitte fasst die folgende Tabelle zusammen:

	Babyboomer	Generation X	Generation Y	Generation Z
Medium	persönlich oder am Telefon, im Beruf auch per E-Mail, dann meist zu Geschäftszeiten	E-Mail, zunehmende Erreichbarkeit, auch weit über normale Geschäftszeiten hinaus	mehrere mobile Endgeräte, die 24/7 online sind und in Echtzeit kommunizieren	permanente digitale Kommunikation per Smartphone, visuelle Medien gewinnen an Bedeutung
Empfängerkreis	persönliche Mitteilung an umsichtig definierten Empfängerkreis	Kommunikation auf „Need to know"-Basis, pragmatisch definierte Empfänger	potenziell jeder, der weltweit online ist, vollkommene Transparenz	Kommunikation kennt keine Grenzen, außer sie sind im Nutzerprofil definiert
Stil und Form	Hierarchien, Anstand und Wahrung der Form sind wichtig; Stil ist diplomatisch, besonnen, tendenziell eher zurückhaltend	nur wichtig im Umgang mit älteren Generationen; Stil ist direkt, prägnant, Xer „reden Tacheles", sparen sich Floskeln und Höflichkeiten	Formalien und Hierarchien verlieren an Bedeutung; Stil ist locker, kurzweilig, spielerisch, enthält visuelle Elemente und Emoticons	Nachrichten bestehen zum Teil nur noch aus Icons, Symbolen und Kürzeln; formlos, kurzlebig, unkompliziert, schnell konsumierbar
Umgangston	freundlich und zuvorkommend, höflich	professionell, unpersönlich, situationsbedingt	umgangssprachlich, auf Augenhöhe, authentisch	geradlinig, ehrlich, echt, unverfälscht, unkonventionell

	Babyboomer	Generation X	Generation Y	Generation Z
In Konflikten	konfliktscheu, entscheiden gerne team- und konsensorientiert, wägen Konsequenzen im Voraus ab	bringen Missfallen offen zum Ausdruck, treffen (einsame) Entscheidungen, diskutieren und debattieren gern	vermeiden direkte Konfrontation, haben wenig Ausdauer und Durchsetzungskraft, können schlecht mit Scheitern umgehen	in Konflikten tendenziell vorsichtig und zurückhaltend, treffen Entscheidungen schnell und eigenständig
Dresscode	Kleidung reflektiert Position und Status, ist Ausdruck von Respekt und Autorität	Erscheinungsbild soll professionelle Kompetenz und Erfahrung vermitteln	individuelle Ausdrucksform von Persönlichkeit und Authentizität	markenbewusst, Outfit vermittelt Zugehörigkeit zu sozialen Gruppen
Kann von anderen wahrgenommen werden als	langsam, wenig transparent, ausgrenzend	minimalistisch, wenig empathisch, kühl, distanziert	unprofessionell, respektlos, ungeduldig	unreif, anstrengend, flatterhaft, unangemessen

3.2 Zusammenarbeit

Abgesehen von der Kommunikation untereinander gibt es noch diverse weitere Aspekte der Zusammenarbeit, die unterschiedlichen Generationen das Leben am Arbeitsplatz erleichtern – oder eben erschweren – können. Teamwork, also die Zusammenarbeit von zwei oder mehr Beteiligten mit einer gemeinsamen Zielsetzung, gehört mittlerweile zum Arbeitsalltag. Gerade in großen Matrixorganisationen werden (virtuelle) Teams immer häufiger zur Durchführung spezieller Projekte eingesetzt, wobei Personen aus unterschiedlichen Funktionsbereichen, Abteilungen oder Disziplinen zusammenkommen. Ein Team sollte idealerweise aus Mitarbeitern bestehen, deren Fähigkeiten sich komplementär ergänzen. In diesem Abschnitt geben wir konkrete Tipps, die Kollegen, Vorgesetzten und direkt unterstellten Mitarbeitern den Umgang miteinander erleichtern können. Diese Empfehlungen basieren auf typischen Charakteristika und Präferenzen, die sich bei Vertretern verschiedener Generationen in der Praxis beobachten lassen oder die in Studien dokumentiert wurden. Ob es sich dabei um die Vorbereitung oder Durchführung von Meetings handelt, um die Nutzung von Technologie am Arbeitsplatz oder um Gesprächsführungstechniken – Vielfalt fördernde Ansichten und Verhaltensmuster im Unternehmen können Arbeitnehmer verschiedener Generationen zu mehr Leistung motivieren.

Für die Meetingorganisation mit Babyboomern empfiehlt es sich, unbedingt vorab einen Termin zu machen. Spontane oder kurzfristige Zusammenkünfte können sie verunsichern oder frustrieren. Achtung, möglicherweise gibt es eine Assistenzstelle, die den Terminkalender des betreffenden Babyboomers verwaltet. Dann sind die entsprechenden Hierarchien und Strukturen einzuhalten, auch wenn es jüngeren Generationen oft umständlich und bürokratisch erscheint. Nach Möglichkeit sind persönliche Besprechungen anzusetzen, bei denen sich die Beteiligten tatsächlich räumlich begegnen. Damit sich Babyboomer gründlich und ohne Zeitdruck vorbereiten können, sollten ihnen relevante Informationen rechtzeitig zur Verfügung gestellt werden.

Babyboomer mögen strukturierte Abläufe

Um Babyboomern die Aufnahme von Informationen zu erleichtern, sollten Unterlagen, Präsentationen und auch Gespräche klar strukturiert sein und einem roten Faden folgen. Dieser ist idealerweise spezifisch an die Bedürfnisse des Empfängers angepasst, sodass relevante Informationen im Vordergrund stehen und leicht zu finden sind. Eine tadellose Form ist übrigens fast so wichtig wie der Inhalt! Sorgfalt und Gewissenhaftigkeit sind geschätzte Eigenschaften in den Augen älterer Generationen. Außerdem sind Babyboomer gern vorbereitet und erwarten das auch von ihrem Gegenüber.

Einen respektvollen Umgang miteinander wünschen sich alle Generationen. Wie das im Einzelnen aussieht, kann sich jedoch je nach Prägung unterscheiden. Einem Babyboomer können Kollegen Respekt erweisen, indem sie seine langjährige Erfahrung schätzen und zum Beispiel konkret danach fragen. Was können sie von ihm lernen? Welche Tipps und Tricks kann er teilen, die Problemlösungen erleichtern oder beschleunigen? Welches Hintergrundwissen über Kunden oder Lieferanten hat er sich angeeignet? In der Regel teilen Babyboomer ihren Erfahrungsschatz gerne. Auch sind sie ihr halbes (Berufs-)Leben lang ohne Technologie am Arbeitsplatz ausgekommen, und wenn der Computer einmal streikt, sind es oft nur Babyboomer, die die manuellen Prozesse überhaupt noch kennen.

Eine andere Form des Respekts ist die Anerkennung der Bedeutung von Status und Rangordnung für Babyboomer. Mit viel Disziplin und harter Arbeit haben sie über viele Jahre bestimmte Ziele verfolgt und sind zu Recht stolz auf das, was sie erreicht haben. Für die Ungeduld und Anspruchshaltung jüngerer Kollegen, die doppelt so schnell das Gleiche erreichen wollen, haben sie wenig Verständnis. Dagegen sind Disziplin, Höflichkeit und Engagement auch Mittel und Wege, Babyboomern Respekt zu zollen. Sich an die von ihnen etablierten Prozesse und Standards zu halten ist nicht immer möglich oder sinnvoll, sie sollten aber auch nicht von vornherein abgewertet oder ignoriert werden.

Babyboomer vermeiden Auseinandersetzung und streben nach Konsens, daher ist es in der Zusammenarbeit hilfreich, Kritik und Negativität wohldosiert, zur richtigen Zeit und stets in angemessenem Ton einzusetzen. Verhandlungen zum Beispiel können trotz gegenteiliger Standpunkte diplomatisch und harmonisch geführt werden. Außerdem mögen es Babyboomer, wenn das Team demokratisch mit einbezogen wird und Entscheidungen oder Aktionen möglichst breite Zustimmung unter den relevanten Interessenvertretern finden. Der richtige Ton spielt auch im Schrift- oder E-Mail-Verkehr eine Rolle, ebenso wie in der äußeren Erscheinung, die Mitarbeiter am Arbeitsplatz an den Tag legen. Für andere Generationen empfiehlt es sich, feine Antennen für die oft unausgesprochenen Bedürfnisse der Babyboomer zu entwickeln und diese nicht zwangsläufig als altmodisch und überholt zu verwerfen.

„Zeit ist Geld" – so könnte ein Motto der Generation X lauten. Um die Zusammenarbeit mit Xern für sie motivierend zu gestalten, steht vor allem Produktivität im Vordergrund. Effiziente Prozesse, direkte Kommunikation, schnelle Entscheidungen und leicht zugängliche Ansprechpartner tragen dazu bei, dass Xer das Gefühl haben, etwas zu bewegen und voranzukommen. Anstelle von persönlichen Meetings zwecks Absprachen reichen für Xer oft E-Mails, die kurz und knapp gehalten sind, dem reinen Austausch von Informationen dienen und zeitlich flexibel bearbeitet werden können. Wer also Xern die Zusammenarbeit erleichtern möchte, schickt im Zweifelsfall eine E-Mail.

Xer mögen E-Mails

Mit einer gewissen Freiheit und Selbstbestimmung ausgestattet, leisten Xer gerne ihren Beitrag, auch ohne dabei unmittelbar Mitglied eines Teams zu sein. Arbeitsgruppen empfinden sie tatsächlich manchmal als Klotz am Bein. Auch es gut meinende Vorgesetzte, die ihre Xer-Mitarbeiter coachen und anleiten wollen, stoßen nicht immer auf Gegenliebe. Xer sind individualistisch veranlagt, arbeiten gerne selbstständig und mögen für ihre Leistung individuell gelobt und belohnt werden. Von Wettbewerb lassen sie sich eher beflügeln als abschrecken. Sowohl für Babyboomer als auch für jüngere Generationen, die grundsätzlich eher kooperativ denken und handeln, kann die Teamarbeit mit Xern eine echte Herausforderung sein.

Auch die von Xern bevorzugte klare Trennung von Berufs- und Privatleben sollte andere Generationen nicht verwundern. Xer definieren sich im Job vor allem über ihre Kompetenz und versuchen seit Anbeginn ihrer beruflichen Laufbahn, ihre Babyboomer-Vorgesetzten mit fachlicher Qualifikation zu beeindrucken. Indem sie Kollegen, egal ob älter oder jünger, eine privatere Seite von sich zeigen, fürchten sie, ihr professionel-

Xer trennen Beruf und Privates

les Image zu untergraben und sich angreifbar zu machen. Nach dem Motto: Wenn mein Chef wüsste, wie chaotisch es bei mir zu Hause aussieht, würde er mich nie befördern. Insbesondere jüngere Generationen gehen ganz anders an die Sache heran: Sie wollen gerade mit Kollegen zusammenarbeiten, mit denen sie sich auch privat gut verstehen und denen sie so begegnen können, wie sie sind, ohne sich verstellen zu müssen.

Flexibilität befügelt Xer wie Ypsiloner
Was Xer und Ypsiloner gemeinsam haben, ist ein großes Bedürfnis nach Flexibilität. Zwar mag dieser Wunsch bei beiden Generationen unterschiedlich motiviert sein, aber beide schätzen eine flexible (selbstbestimmte!) Einteilung in Bezug auf Arbeitsort und -zeit. Während jüngere Generationen diese Flexibilität schlicht einfordern und bei Nichterfüllung im Extremfall den Arbeitgeber wechseln, resignieren Xer und ergeben sich in ihr Schicksal, wenn ihnen keine flexible Arbeitsgestaltung angeboten wird. Dabei ist Flexibilität der Trumpf im Ärmel einer jeden Personalpolitik und kann gerade bei der Generation X wahre (Motivations-)Wunder wirken. Schon kleine Gesten der Flexibilität können die Zusammenarbeit beflügeln. Leider fällt vielen Babyboomern dieses Zugeständnis schwer, weil es in ihren Augen mangelnder Disziplin gleichkommt.

Xer mögen es zu diskutieren. Sie sind von Natur aus skeptisch und bringen offen zum Ausdruck, wenn sie von einer Sache nicht überzeugt sind. Dieses Verhalten sollte von anderen Generationen nicht gleich als Pessimismus oder Kritik verstanden werden. Wer die Zusammenarbeit mit Xern optimieren möchte, sorgt dafür, dass ihnen genug Freiraum gegeben wird, Entscheidungen, Abläufe oder neue Vorschläge kontrovers zu diskutieren. Gerade Babyboomer deuten dieses Verhalten oft als mangelnde Motivation, jedoch ist genau das Gegenteil zutreffend: Ein Xer, der ein Thema diskutiert, ist engagiert und will sein Bestes geben, daran mitzuarbeiten.

Ähnliches trifft auch auf die Generation Y zu. Auch Ypsiloner möchten mitreden und vor allem wissen, warum etwas so und nicht anders gemacht werden soll. Von älteren Generationen oft als Protest missverstanden, ist ihre Fragerei tatsächlich ein Ausdruck von aufrichtigem Interesse. Ypsiloner sind motiviert, wenn ihnen Gelegenheit gegeben wird, Fragen zu stellen, und wenn sich erfahrene Kollegen die Zeit nehmen, diese zu beantworten. Gleiches gilt für neue Ideen. Ypsiloner haben einfallsreiche Vorstellungen davon, was man alles anders machen könnte, und wollen sich mitteilen. Das soll nicht heißen, dass ihre Ideen unbedingt umgesetzt werden müssen, aber wer erfolgreich mit der Generation Y zusammenarbeiten will, sollte sie zumindest ernst nehmen, ihnen aufrichtig zuhören und gegebenenfalls erklären, warum eine Idee nicht umsetzbar ist.

Ypsiloner kooperieren auf Augenhöhe

Diese Begegnung auf Augenhöhe ist essenziell im Umgang mit Ypsilonern, denn so sind sie es von klein auf gewohnt. Flache Hierarchien sind ganz nach ihrem Geschmack und Respekt wird anderen aufgrund ihres Verhaltens, nicht aufgrund ihrer Position oder Rangordnung zuteil. Dabei gilt für alle, möglichst echt und authentisch zu sein. Ypsiloner sind in der Überzeugung groß geworden, etwas Besonderes zu sein, und nutzen jede Gelegenheit, ihre Persönlichkeit zu unterstreichen, sei es durch ihr Äußeres, den Klingelton ihres Smartphones oder in der Gestaltung ihres Arbeitsplatzes. Anstatt zu versuchen, sie umzuerziehen, können ältere Generationen von Ypsilonern lernen, Vielfalt tatsächlich zu leben.

Ypsiloner sind gerne in Gruppen zusammen und arbeiten vorzugsweise im Team. Weil aus Kollegen aber am liebsten Freunde werden sollen, nutzen sie jede Möglichkeit, sich zu vernetzen und gegenseitig kennenzulernen. Um diesem Bedürfnis nach Zusammengehörigkeit nachzukommen und zwischenmenschliche Beziehungen aufzubauen und zu pflegen, sollten Unternehmen Räumlichkeiten und Möglichkeiten zur sozialen Interaktion am Arbeitsplatz schaffen. Außerdem wollen Ypsiloner Spaß haben und mögen Mitarbeiteraktionen, die zu einem

Ypsiloner schätzen Teamarbeit

positiven Arbeitsumfeld beitragen. Diesbezüglich können Babyboomer und Xer ihren jüngeren Kollegen entgegenkommen, wenn sie sie motivieren und begeistern wollen.

BYOD – ein Trend für Ypsiloner Zeitgemäße Technologie am Arbeitsplatz ist wichtig für die Generation Y, denn sie erleichtert die Zusammenarbeit, gewährleistet Zugriff auf Informationen und ermöglicht flexibles Arbeiten. Nichts ist frustrierender, als wenn das eigene 4G-Smartphone problemlos weltweit funktioniert und über Cloud-Computing alle Daten auf sämtlichen mobilen Endgeräten in High Speed synchronisiert, man sich am Arbeitsplatz aber immer noch mit einem langsamen Desktop-Computer, komplizierten Kompatibilitätsfragen und einem alten Tastentelefon herumschlagen muss. Obwohl für viele IT-Abteilungen, besonders in großen Konzernen, undenkbar, entspricht der Trend zu BYOD („Bring Your Own Device"), der es Mitarbeitern erlaubt, ihre eigenen privaten Geräte mitzubringen und für die Arbeit zu nutzen, dem Ypsiloner-Image eines modernen Arbeitgebers.

Ypsiloner suchen Sinn Technologie hin oder her, nichts spornt die Generation Y so sehr an wie ein sinnstiftendes Ziel, zu dessen Erreichen sie ihren persönlichen Beitrag leisten können. Ypsiloner wollen wissen, wofür sie sich einsetzen und wie sie zum Gesamtergebnis beitragen. Deshalb ist es hilfreich, den tieferen Sinn von Projekten zu erklären und wie sie ins Gesamtbild der Unternehmensvision passen. Es motiviert Ypsiloner, wenn sie Eigenverantwortung übernehmen können und verstehen, warum bestimmte Aufgaben wichtig sind. Wenn dann auch noch ein Zusammenhang zu ihren ganz persönlichen Werten besteht, werden sie sich umso intensiver um die Erreichung vereinbarter Ziele bemühen.

Die Zusammenarbeit mit der Generation Z steht noch ganz am Anfang, weshalb sich konkrete Handlungsempfehlungen nur an ersten Tendenzen orientieren können. Aus den bisher verfügbaren Quellen lässt sich schließen, dass viele der Präferenzen der Ypsiloner in potenzierter Form auch auf die Generation Z zutreffen. So wollen auch Zler Wertschätzung für ihre Individualität erfahren, wollen als „gleichberechtigt" ernst genommen werden und ihren Beitrag zum Unternehmenserfolg leisten. Sie wollen gehört werden, Eigenverantwortung übernehmen und legen Wert auf Authentizität. Eine Millennial-Branding-Studie vom April 2014, die Ypsiloner und Zler in zehn Ländern befragte, deckte jedoch auch einige Unterschiede auf.

Eine Eigenschaft, die Zler gesondert auszuzeichnen scheint, ist ihr Unternehmergeist. Viele Zler ziehen demzufolge eine Laufbahn als Unternehmer dem klassischen Angestelltenverhältnis vor. Sie wollen selber Firmen gründen, gerne auch als „Social Entrepreneur", und sich damit für einen positiven Wandel der Gesellschaft einsetzen. Gebiete, auf denen sich Social Entrepreneurs innovativ und pragmatisch engagieren, sind zum Beispiel Bildung, Umweltschutz, Armutsbekämpfung oder Menschenrechte. Der Profitgedanke steht für Social Entrepreneurs wie generell für viele Zler im Hintergrund. In erster Linie wollen sie selbstbestimmt handeln und die Welt verbessern. Arbeitgeber, die diesem inneren Antrieb entsprechen können, werden langfristig motiviertere Generation-Z-Mitarbeiter haben.

Zler haben Unternehmergeist

Gleichzeitig haben Zler, die während ihrer prägenden Jahre einer wirtschaftlich schwachen Konjunktur und Finanzkrisen ausgesetzt waren (und es immer noch sind), anscheinend realistischere Erwartungen an die Berufswelt als ihre Vorgänger. Sie wissen, dass ihnen nichts geschenkt wird, denken kostenbewusst und sind bereit, hart zu arbeiten. Außerdem stehen sie unter Druck, um die Hoffnungen und Erwartungen ihrer Eltern nicht zu enttäuschen und dem von den Medien geschürten Erfolgsbild zu entsprechen. Sie wollen etwas leisten und sich eigenes Know-how erarbeiten. Viele Zler machen schon früh Berufspraktika oder engagieren sich ehrenamtlich, um sich entsprechende Erfahrungen anzueignen. Unternehmen, die solche Möglichkeiten bieten, sind für Zler attraktiver.

Zler wollen etwas leisten

Anders als die extrem Technologie-fixierten Ypsiloner strebt die Generation Z nach einer gesunden Balance zwischen multimedialer Kommunikation und persönlicher Interaktion. Fast die Hälfte der befragten Zler gibt an, dass sie Multitasking nicht mag und dass Instant Messages, Facebook und E-Mail von der Arbeit ablenken. Mitarbeiter und Vorgesetzte können bei der Generation Z punkten, indem sie ihnen eine persönliche Zusammenarbeit und direkten Austausch anbieten. Zler lernen gerne von erfahrenen Kollegen und sind den Umgang auf Augenhöhe mit Erwachsenen von ihren Eltern gewohnt. Im Gegenzug sind sie offen und haben keine Scheu, ihrerseits Wissen und Fähigkeiten zu teilen, zum Beispiel in Bezug auf soziale Medien, Internet-Anwendungen oder Smartphone-Funktionen.

Zler vertrauen auf Schwarmintelligenz Überhaupt ist das großzügige und kostenlose Teilen von Informationen, Wissen und sogar Konsumgütern ein Trend, der sich vermutlich noch verschärfen wird. Geistiges Eigentum hat einen geringen Stellenwert bei der Generation Z, die eher auf Schwarmintelligenz als auf geschützte Lizenzen und Rechte vertraut. Für ältere Generationen mag das naiv und töricht klingen, jedoch wächst diese Generation in einer Welt heran, die Offenheit, Transparenz und Teilen zelebriert. Die Geschwindigkeit, mit der Innovationen vorangetrieben werden, kann von Kollaboration nur profitieren. Zler verstehen, dass das Zurückhalten von Informationen immer weniger effektiv ist, als das eigene Wissen mit dem von anderen zu ergänzen. Diese Form der Zusammenarbeit beflügelt sie.

Zusammenfassende Tipps für eine bessere Zusammenarbeit

Die wichtigsten Inhalte der vorangegangenen Abschnitte fasst
die folgende Tabelle zusammen:

	Babyboomer	Generation X	Generation Y	Generation Z
Meetings	mögen persönliche Besprechungen; unbedingt vorher Termin vereinbaren, vorab Infos zusenden	müssen effizient und zielführend sein, ziehen E-Mails für schnelle, kurze Absprachen vor	moderne Technologie erleichtert die (virtuelle) Zusammenarbeit mit ihnen	streben nach einer gesunden Balance zwischen digitaler und persönlicher Interaktion
Miteinander	Kritik sollte wohldosiert, zur richtigen Zeit und stets in angemessenem Ton angebracht werden	fühlen sich durch Wettbewerb beflügelt und empfinden Teamarbeit ab und zu als Klotz am Bein	leben individuelle Vielfalt, arbeiten vorzugsweise im Team und mögen soziale Interaktion	haben Unternehmergeist, mögen Social Entrepreneurship und wollen sich einsetzen
Fühlen sich geschätzt	wenn ihre Erfahrung gewürdigt wird und sie diese mit anderen teilen können	wenn sie Arbeitsort und -zeit flexibel (selbstbestimmt) einteilen dürfen	wenn sie den Status quo hinterfragen, mitreden und Ideen äußern dürfen	wenn sie Eigenverantwortung übernehmen und ernst genommen werden
Respekt	Anerkennung von Status sowie Disziplin und Höflichkeit bringen Respekt zum Ausdruck	respektieren effiziente Prozesse, direkte Kommunikation und schnelle Entscheidungen	Respekt wird anderen aufgrund ihres Verhaltens, nicht aufgrund ihrer Position zuteil	respektieren andere für ihre Individualität und Kompetenz, die offen geteilt wird
Zusatztipp	Präsentationsmaterial sollte klar strukturiert und nach Relevanz aufbereitet sein, eine tadellose Form wird vorausgesetzt	bevorzugen in der Regel eine klare Trennung von Berufs- und Privatleben, Wunsch nach Diskussion ist nicht gleich Kritik	streben nach Sinnfindung, wollen wissen, warum eine Tätigkeit wichtig ist und wie sie in den Gesamtkontext passt	geistiges Eigentum hat einen geringen Stellenwert, Kollaboration und Schwarmintelligenz sind Trumpf

3.3 Führungsverhalten

Ein besonderes Augenmerk sei auf die Führungsqualitäten gerichtet, die verschiedene Generationen von ihren Vorgesetzten erwarten. Viele Ansprüche an Führungskräfte decken sich unabhängig von der Generationszugehörigkeit von Mitarbeitern. So ziemlich jeder wünscht sich einen fairen Chef, der seine Mitarbeiter gut behandelt. Aber was bedeutet das für Babyboomer, Xer, Ypsiloner und Zler? Wie so oft interpretieren sie Verhalten unterschiedlich und haben aufgrund ihrer Prägung andere Präferenzen. Welche Eigenschaften und Handlungsweisen wünschen sie sich also von einem Vorgesetzten, damit sie motiviert und leistungsstark zum Unternehmenserfolg beitragen können? Und welche typischen Eigenheiten können Mitarbeiter von ihrem Vorgesetzten erwarten, wenn es es sich dabei um einen Babyboomer, Xer oder Ypsiloner handelt? (Da die Vertreter der Generation Z noch nicht in Führungspositionen tätig sind, bleiben sie in diesem Abschnitt unberücksichtigt.) Führungspersonen, die unbewusst bestimmten Mustern folgen, verhalten sich oft auf eine für ihre Generation typische Art und Weise, die nicht immer bei anderen Generationen so ankommt, wie sie gemeint ist. Dabei geht es häufig nur um Nuancen. Delegieren zum Beispiel ist für alle Generationen wichtig, aber ein Babyboomer wird möglicherweise nicht um Hilfe bitten, wenn er nicht weiterweiß, ein Xer lässt das gesamte Projektteam bis zur Zielerreichung nichts von sich hören, während ein Ypsiloner am liebsten täglich Lob erhalten möchte. Derartige typische Verhaltensmuster, die beim Thema Mitarbeiterführung relevant sind, beschreibt dieses Kapitel.

Babyboomer führen demokratisch

Babyboomer bevorzugen einen demokratischen Führungsstil. Sie beraten sich gern ausführlich und hören verschiedene Meinungen, bevor sie eine Entscheidung treffen. Wann immer möglich, darf das Team mitreden, denn Babyboomer sind mit der Vorstellung groß geworden, dass Demokratie und Mitspracherecht Privilegien sind. Sie verbringen viel Zeit damit, diverse Interessenvertreter zu überzeugen, bevor sie zur Tat schreiten, denn das verringert die Wahrscheinlichkeit späteren Widerspruchs. Einerseits kann dieser Führungsstil Prozesse verlangsamen. Andererseits können jüngere Generationen von Babyboomer-Vorgesetzten lernen, wie Überzeugungsarbeit im Vorfeld sinnvoll eingesetzt werden kann, um diverse Parteien hinter einer Entscheidung oder Aktion zu vereinen.

Babyboomer-Vorgesetzte tendieren dazu, klare Anweisungen zu erteilen, und erwarten, dass ihnen Folge geleistet wird. Sie wurden in einer Gesellschaft groß, die älteren oder höhergestellten Personen aufgrund ihrer Lebenserfahrung oder ihrer hierarchischen Stellung Respekt entgegenbrachte, ohne ihre Autorität infrage zu stellen. Gleiches erwarten sie auch von ihren Mitarbeitern und sind irritiert, wenn diese ungebeten Einspruch erheben oder Fragen stellen, die als Zweifel an der Führungskraft interpretiert werden. Zwar lassen sie ihr Team gern zu Wort kommen, erwarten dann aber konstruktive Beiträge. Ihr Idealismus stößt besonders bei Xer-Mitarbeitern gelegentlich auf Skepsis, eignet sich aber dazu, positive Zukunftsvisionen zu entwerfen, die jüngere Generationen inspirieren.

Babyboomer erteilen klare Anweisungen

Babyboomer-Vorgesetzte tendieren dazu, Leistung und Loyalität zu belohnen. So „verdienen" sich Mitarbeiter mit ihrer Betriebszugehörigkeit zum Beispiel das Anrecht auf bestimmte Informationen, die nur einem auserwählten Personenkreis zustehen. Nur wer seinen Einsatz und seine Loyalität ausreichend unter Beweis stellt, hat eine Chance auf die angestrebte Karriere. Dafür Opfer in Form von Freizeitmangel oder der Übernahme unliebsamer Arbeitsaufgaben bringen zu müssen, ist in den Augen von Babyboomer-Vorgesetzten normal. Ungewohnt ist es dagegen, Mitarbeitern ohne Kontrollmechanismen Vertrauen entgegenzubringen und vorauszusetzen, dass sie von sich aus vernünftig arbeiten. Deshalb ist virtuelles Führen für Babyboomer nicht nur ungewohnt, sondern auch schwer vorstellbar.

Babyboomer brauchen Struktur

Ähnlich wie Babyboomer führen, wollen sie auch geführt werden, denn so fühlen sie sich sicher und gut aufgehoben. Sie mögen klare Strukturen, eindeutige Anweisungen und Zuständigkeiten. Sie wollen wissen, wo sie in der Organisation stehen, wem sie Rechenschaft schuldig sind und wer ihnen gegenüber weisungsbefugt ist. Das erleichtert ihnen die Arbeit, da sie sich orientieren können und wissen, was von ihnen erwartet wird. Sich ungefragt etwas „herauszunehmen", kommt für Babyboomer kaum infrage, da sie niemandes Autorität untergraben wollen. Das kann gerade für jüngere Vorgesetzte eine wichtige Einsicht sein, denn sie selbst würden möglicherweise einfach loslegen, wenn ihnen eine neue Idee kommt. Babyboomer brauchen dagegen das Gefühl, die „Erlaubnis" zu haben, etwas zu wagen.

Babyboomer arbeiten gerne im Team und Vorgesetzte können sie motivieren, indem sie sie zur Mitsprache ermutigen. Sie können sie um ihre Meinung bitten, sie zu Besprechungen einladen und sie nach ihrer Erfahrung fragen. Gerne teilen Babyboomer ihr Wissen mit jüngeren Kollegen. Selbst von jüngeren Vorgesetzten geführt oder angeleitet zu werden, finden sie allerdings gewöhnungsbedürftig. Dazu braucht es Fingerspitzengefühl und ein gegenseitiges Vetrauensverhältnis, das sich am besten durch persönlichen Kontakt aufbauen lässt. Überhaupt sollten Vorgesetzte von Babyboomer-Mitarbeitern auf persönliche Beziehungen setzen und nicht nur auf elektronische oder virtuelle Kommunikation zurückgreifen. Besonders in Konfliktsituationen ist ein direktes Gespräch unter vier Augen zu empfehlen.

Babyboomer erwarten seriöse Vorgesetzte

Babyboomer erwarten von ihren Vorgesetzten eine gewisse Ernsthaftigkeit und ein Geschäftsgebaren, das die Form wahrt und als seriös empfunden wird. Gerade für die Generationen Y und Z, für die der Job ein Teil ihres Lifestyle-Konzeptes ist, zu dem Spaß und ein lockerer Umgang gehören, ist dieser Anspruch oft nicht nachvollziehbar. Auch bei Loyalität, Kontinuität und Gewissenhaftigkeit gehen die gegenseitigen Erwartungen auseinander. Während diese Werte von Babyboomer-Mitarbeitern durchaus angestrebt werden, kann es bei ihnen zu Entäuschung und Frustration kommen, wenn jüngere Vorgesetzte das nicht zu schätzen wissen.

Der Führungsstil von Xern ist tendenziell eher prozessorientiert und distanziert. Mitarbeiter anderer Generationen erwarten womöglich weit mehr Unterstützung und Anleitung, als dem typischen Xer-Chef in den Sinn kommt. Da sie selbst lieber unabhängig agieren, geben Xer möglicherweise (zu) wenig Anweisungen. Xer managen eher aus der Entfernung (gerne per E-Mail), sodass Mitarbeiter gegebenenfalls konkret nachfragen und um mehr persönlichen Kontakt bitten müssen. Auch sind Xer von ihren eigenen Vorgesetzten weit weniger Lob und Rückmeldung gewohnt, als es gerade jüngere Generationen heutzutage einfordern. Wer für einen Xer-Vorgesetzten arbeitet, darf sparsames Feedback in der Regel als positiv oder zumindest als nicht bedenklich interpretieren.

Xer führen prozessorientiert

Xer-Vorgesetzte erwarten, für ihre Kompetenz und Professionalität respektiert zu werden. Deshalb werden sie diese so oft wie möglich unter Beweis stellen. Dazu gehört es auch, gegebenenfalls Entscheidungen im Alleingang zu treffen und die Konsequenzen dafür zu tragen. Xer-Führungspersönlichkeiten haben kein Problem damit, sich unbeliebt zu machen, wenn sie davon überzeugt sind, das Richtige zu tun. Effizienz und das Ergebnis unterm Strich sind ihnen wichtiger als das Betriebsklima. Führung mittels Inklusion und Partizipation sind für Xer-Vorgesetzte nicht selbstverständlich. Informationen teilen sie insofern, wie andere diese benötigen, um ihren Job zu machen.

Das systematische Bemessen von Zielen und Leistungen ist das A und O für Xer-Vorgesetzte. Dieser Ansatz, kombiniert mit ausgeklügelten Belohnungsprinzipien, funktioniert für sie selbst, weshalb sie annehmen, dass sie damit auch bei ihren Mitarbeitern nichts falsch machen. Ihr pragmatischer Ansatz, die kon-

Xer-Vorgesetzte belohnen Leistung

sequente Ergebnisorientierung und die bisweilen kühle Distanz zu ihren Mitarbeitern machen Xer nicht gerade zu inspirierenden Führungspersönlichkeiten. Jüngere Generationen fühlen sich emotional wenig angesprochen und sehen Xer-Vorgesetzte nicht unbedingt als Rollenvorbilder, die sie bewundern können und denen sie nacheifern wollen. Es fehlen Zukunftsvisionen, die sinnstiftend und erfüllend sind.

Xer lieben Unabhängigkeit Eine Führungskraft kann Xer am besten unterstützen, indem sie ihrem Bedürfnis nach Unabhängigkeit und Selbstbestimmung entgegenkommt. Wenn Xer Hilfe brauchen, werden sie danach fragen. Ansonsten reicht es, ihnen klare Ziele zu setzen und den Spielraum für ihr Handeln abzustecken. Innerhalb dieses Rahmens werden sie sich frei bewegen und zielstrebig ihre Vorgaben erfüllen, denn sie definieren sich über ihre Leistung und Kompetenz. Im Gegenzug erwarten sie aber auch, dafür honoriert und belohnt zu werden. Selbst Mentoring funktioniert bei ihnen nur, solange sie sich von ihrem Mentor nicht kontrolliert oder bevormundet fühlen. Flexibilität ist ein weiteres wichtiges Signal, mit dem Führungskräfte ihren Xer-Mitarbeitern entgegenkommen können.

Vorgesetzte können Xer motivieren, indem sie ihnen die Möglichkeit geben, ihre Meinung offen und unumwunden kundzutun, ohne dafür negative Konsequenzen befürchten zu müssen. Xer sagen gerne, was sie denken, und nicht jede skeptische Bemerkung ist als pessimistische Kritik zu verstehen. In generationsübergreifenden Teams können ihre Bedenken zum Beispiel auf Risiken hinweisen, die von zurückhaltenden Babyboomern nicht ausgesprochen oder von unerfahrenen Ypsilonern nicht erkannt werden. Von ihrem Vorgesetzten erwarten Xer ein gewisses Fachwissen, denn sie schätzen und respektieren Sachverstand. Wer Xer anleitet und eventuell fachfremd ist, sollte sich zumindest ein Minimum an Know-how aneignen, um von ihnen ernst genommen zu werden.

Xer-Mitarbeiter finden es völlig in Ordnung, wenn ihre Vorgesetzten eine gewisse professionelle Distanz wahren. Zu persönliche Kontakte sind ihnen mitunter sogar unangenehm. Mit dem eigenen Manager auf Facebook befreundet sein? Für Xer undenkbar. Für sie ist das Angestellten-Vorgesetzten-Verhältnis eine reine Zweckbeziehung. Neben fachlicher Expertise erwarten Xer von ihren Führungskräften vor allem Unterstützung bei der Erreichung ihrer beruflichen Ziele. Xer haben aufgrund ihres Alters schon vieles erreicht und legen sich nun einen Plan zurecht für das, was noch kommen soll. Dafür sind sie bereit, hart zu arbeiten, wollen aber auch eine Weiterentwicklung sehen.

Xer schätzen professionelle Distanz

Die ersten Vertreter der Generation Y sind seit einigen Jahren in Führungspositionen angekommen und leiten oft nicht nur andere Ypsiloner, sondern auch Xer und Babyboomer, denn beruflicher Aufstieg ist nicht mehr unbedingt linear oder an Erfahrung und Betriebszugehörigkeit gekoppelt. Für ältere Generationen kann dieser Umstand heikel sein, weil er nicht nur eine allgemeine Veränderung im Organisationsgefüge bedeutet, sondern gegebenenfalls auch als Abwertung der eigenen Fähigkeiten empfunden wird. Ypsiloner haben es deshalb nicht leicht, wenn sie ältere Generationen führen sollen. Während Xer-Mitarbeiter ihr Missfallen über einen jüngeren Chef vielleicht noch mehr oder weniger offern zum Ausdruck bringen, schlummert auch in so manchem Babyboomer eine stille Resignation oder passive Verweigerungshaltung, wenn der jüngere Vorgesetzte naiv, arrogant oder unsensibel mit der Situation umgeht.

Ypsiloner als Führungskräfte

Ypsiloner-Führungskräfte brauchen daher ein besonders gutes Fingerspitzengefühl im Umgang mit älteren Mitarbeitern. Grundsätzlich kann ihre Tendenz zu partizipativer Führung ihnen dabei helfen, denn sie managen integrativ und binden das Team gern mit ein. Als globale Generation, die Andersartigkeit schätzt und Vielfalt lebt, fällt ihnen individuelle Wertschätzung leicht. Dabei ist es egal, ob sie ein Team führen, dem sie direkt von Angesicht zu Angesicht begegnen, oder eines, das sie virtu-

Ypsiloner führen partizipativ

ell leiten. Ypsiloner sind im Internet zu Hause, von daher ist virtuelle Vernetzung für sie gang und gäbe und sie fühlen sich auch über soziale Medien in der Lage, Beziehungen zu ihren Mitarbeitern aufzubauen. Für ältere Generationen dagegen ist ein Chef, den sie nur vom Telefon oder aus dem Chat kennen, gelinde gesagt gewöhnungsbedürftig, weil es ihnen schwerfällt, ein Vertrauensverhältnis zu ihm aufzubauen – erst recht, wenn er sehr viel jünger ist als sie selbst.

Ypsiloner-Vorgesetzte verschwenden nicht viele Gedanken daran, welche Informationen sie wem wann zur Verfügung stellen. Sie sind es gewohnt, dass jeder jederzeit auf alles zugreifen kann, denn genau diese Möglichkeit bietet das World Wide Web. Das heißt aber auch, dass sie von ihren Mitarbeitern erwarten, dass diese sich die nötigen Informationen besorgen, die sie brauchen, anstatt darauf zu warten, sie präsentiert zu bekommen. Zugang zu Informationen und geteiltes Wissen sind wichtige Bausteine für Innovation, die Ypsiloner anstreben. Dabei fällt es ihnen leicht, traditionelle Pfade zu verlassen und Neues auszuprobieren. Scheitern bei der Umsetzung neuer Ideen ist für sie nicht gleichbedeutend mit Versagen, sondern mit Lernen. Diese Haltung ist für viele ältere Mitarbeiter neu.

Ypsiloner wollen Vorbilder als Führungskräfte

„Leading by Example" lautet die Zauberformel. Ypsiloner wollen von Führungspersönlichkeiten geleitet werden, die sie nicht aufgrund ihrer Stellung in der Organisation akzeptieren müssen, sondern die sie für ihr integres Handeln respektieren können. Ein guter Vorgesetzter hat Vorbildcharakter und ist aufrichtig an ihrem Wohl und ihrer Entwicklung interessiert. Er ist authentisch, meint, was er sagt, und verhält sich entspechend. Sein Handeln ist transparent, seine Führung basiert auf Werten, Visionen und Zielen, die übergeordnet und sinnstiftend sind. Mit anderen Worten: Ypsiloner wollen inspiriert werden, sie wollen sich mit Überzeugung für etwas einsetzen, das ihren eigenen Lebensmotiven entspricht.

Von Führungspersonen erwarten die Ypsiloner neben einer Vision und Begeisterungsfähigkeit aber auch die Bereitschaft zum Dialog. Sie fordern quasi Idealismus und Realitätssinn zugleich, denn Führungskräfte sollen auch soziale Verantwortung übernehmen und Mut zur Ehrlichkeit haben. Außerdem wollen Ypsiloner mitmischen. Sie erwarten von ihrem Vorgesetzten, auf Augenhöhe ernst genommen zu werden. Sie wollen eine integrative Führung, die Individualität und Mitwirkung honoriert. Dabei ist das gezeigte Engagement wichtiger als das tatsächliche Ergebnis. Ypsiloner-Mitarbeiter entfalten sich am liebsten, wenn ihnen viel Aufmerksamkeit und Zuspruch zuteilwerden. Dabei vermischen sich berufliche und private Beziehungen, denn Kontakte aus der Arbeitswelt gehören für Ypsiloner sehr schnell auch zu ihrem persönlichen Netzwerk.

Ypsiloner fordern Idealismus genauso wie Realitätssinn

Gleichzeitig wünschen sich Ypsiloner Vorgesetzte, die sie unterstützen, Zeit in Coaching investieren und ihnen möglichst viel Wertschätzung in Form von positivem Feedback entgegenbringen. Manager müssten geradezu in die Rolle der Helikopter-Eltern schlüpfen, um die Forderungen der Generation Y nach persönlicher Rundumbetreuung, Zuwendung und Anerkennung zu erfüllen. Berücksichtigt man diesen Aspekt im Generationsprofil, wird deutlich, warum es vor allem die Vorgesetzten der Generation X sind, die Probleme mit Ypsilonern haben. Es kostet sie viel Zeit und Energie, sich in einen passenden Führungsstil hineinzufinden, einfach, weil er für sie selbst vollkommen kontraintuitiv ist und sich vermutlich sehr „falsch" anfühlt.

Bis die Generation Z selbst in Führungsrollen ankommt, wird es noch eine Weile dauern. Bis dahin werden sie die neuen Dimensionen von Zusammenarbeit, Inklusion, Vernetzung, Verfügbarkeit von Informationen und Transparenz verinnerlicht haben, und es bleibt spannend zu sehen, wie sich diese Aspekte auf ihr eigenes Führungsverhalten auswirken werden. Auf die Frage, wie sie selbst geführt werden wollen, haben viele Zler nur eine vage Antwort, da ihre Erfahrung mit Vorgesetzten im beruflichen Kontext noch gering ist. Allerdings zeichnen sich

Zler wollen aufgeschlossene Führungskräfte

Tendenzen ab. So wünschen sich Zler einen Vorgesetzten, der gerecht, kompetent, verständnisvoll und freundlich ist. Der ideale Chef soll Leistung anerkennen, Mitarbeiter motivieren und für ihre Vorschläge offen sein. Leider weicht die reale Beurteilung ihrer direkten Vorgesetzten zum Teil deutlich von den Idealvorstellungen ab: Besonders der Einsatz für Mitarbeiter, die Aufgeschlossenheit gegenüber ihren Ideen, das Informationsverhalten, der Vorbildcharakter und die Fairness lassen in den Augen junger Arbeitnehmer zu wünschen übrig.

Zler wollen souveräne Führungskräfte Interessanterweise wünschen sich Zler Führungskräfte, die auch in hektischen Phasen Ruhe ausstrahlen. Womöglich ist das ein Ausdruck des relativ großen Sicherheitsbedürfnisses dieser Generation, denn fast ein Fünftel aller Kinder und Jugendlichen in Deutschland fühlt sich laut einer aktuellen Studie der Universität Bielefeld deutlich gestresst. Viele Zler leiden an Versagensängsten, sind oft wütend oder zornig und verfügen über eine geringe Problemlösungskompetenz: Nahezu jedes sechste Kind weiß nicht, wie es Probleme eigenständig bewältigen kann. Wesentliche Ursache für diesen Stress ist der fehlende Freiraum für eine kindliche Selbstbestimmung, ausgelöst durch die hohen Erwartungen der Eltern, denn knapp die Hälfte der gestressten Kinder hat Angst, ihre Eltern zu enttäuschen. Interessant ist, dass fast 90 Prozent der Eltern von gestressten Kindern nicht glauben, ihr Kind zu überfordern.

Für Vorgesetzte bedeutet das, sich diesen Leistungsdruck der Generation Z stets vor Augen zu halten, sie einerseits zum Erreichen der hochgesteckten Ziele anzuspornen, gleichzeitig jedoch nicht noch zusätzlich Druck auszuüben. Tatsächlich ist ein unterstützender Führungsstil am ehesten angemessen, die Generation Z bestmöglich zu fördern. Dabei ist die wichtigste Aufgabe des Vorgesetzten, den Weg zum Erfolg zu ebnen, Hindernisse zu beseitigen und es jungen Mitarbeitern zu ermöglichen, ihre Stärken bestmöglich zum Wohl des Unternehmens einzusetzen. Die traditionelle Form der Mitarbeiterführung tritt dabei immer mehr in den Hintergrund. Dank Demokratisierung von Informationsfluss und Kommunikation entwickelt sich auch die klassische Mitarbeiterführung, genau wie Wertschöpfung und Wissenstransfer, immer mehr zu einer kollektiven Angelegenheit in Richtung „kollaborativer Schwarmführung" sich selbst regulierender Teams.

Abschließend lässt sich feststellen, dass es den einen Führungsstil für alle Generationen nicht gibt. Vielmehr sind Führungskräfte gefordert, ihr Verhalten nicht nur an die jeweilige Situation, sondern auch individuell an ihre Mitarbeiter verschiedener Generationen anzupassen. Macht dies die Rolle des Vorgesetzten komplexer, vielschichtiger und schwieriger? Vielleicht – aber es macht sie auch interessanter und erfüllender!

Zusammenfassung und Tipps zum Führungsverhalten

Die wichtigsten Inhalte der vorangegangenen Abschnitte fasst die Tabelle auf den folgenden Seiten zusammen.

Wenn Kommunikation und Zusammenarbeit im Unternehmen optimal verankert sind und wertschätzende Führung gelebt wird, sind Mitarbeiter in der Regel auch motiviert und engagiert. Damit das so bleibt, wollen sie weiterentwickelt werden. Wie das generationstypisch gelingt, beschreibt das nächste Kapitel.

	Wie sie führen:
Babyboomer	■ Demokratischer Führungsstil
	■ Geben klare Anweisungen und erwarteten, dass sie befolgt werden
	■ Erwarten Respekt für ihre Position, Erfahrung und Hierarchiestufe
	■ Holen gerne verschiedene Meinungen ein, bevor sie eine Entscheidung treffen
	■ Anfänger müssen sich „ihre Sporen erst verdienen"
	■ Belohnen Leistung und Loyalität
	■ Virtuelles Führen ohne Kontrollmechanismen ist ungewohnt und schwer vorstellbar
Generation X	■ Prozessorientierter Führungsstil
	■ Geben wenig Anweisungen und managen eher aus der Entfernung (gerne per E-Mail)
	■ Erwarten Respekt für ihre Kompetenz und Professionalität
	■ Treffen Entscheidungen im Alleingang und tragen die Konsequenzen dafür
	■ Effizienz und Ergebnisse sind ihnen wichtiger als das Betriebsklima
	■ Belohnen Erfolge und sind konsequent ergebnisorientiert
	■ Haben kein Problem mit virtueller Führung über Distanz
Generation Y	■ Partizipativer Führungsstil
	■ Managen integrativ, brauchen ein gutes Fingerspitzengefühl im Umgang mit älteren Mitarbeitern
	■ Erwarten Respekt für Persönlichkeit und gelebte Vielfalt
	■ Entscheiden lieber im Team
	■ Erwarten von Mitarbeitern, dass sie sich Informationen besorgen und Wissen teilen
	■ Belohnen Einsatz und Innovation
	■ Virtuelles Führen fühlt sich normal und natürlich an
Generation Z	Wie Zler führen werden, bleibt abzuwarten, und bis dahin werden sie völlig neue Dimensionen von Inklusion, Zusammenarbeit, Vernetzung, Transparenz und Verfügbarkeit von Informationen verinnerlicht haben.

Wie sie geführt werden wollen:

- Mögen klare Strukturen, Anweisungen und Zuständigkeiten
- Möchten kooperieren, schätzen direkten Kontakt und persönliche Beziehungen
- Teilen ihr Wissen gerne mit jüngeren Kollegen
- Erwarten, für Erfahrung und Loyalität belohnt zu werden
- Erwarten eine gewisse Ernsthaftigkeit und ein seriöses Geschäftsgebaren, das die Form wahrt
- Schätzen höhergestellte Mentoren inner- oder außerhalb der Organisation
- Konflikte erfordern einen sensiblen Umgang

- Haben ein großes Bedürfnis nach Unabhängigkeit und Selbstbestimmung
- Wollen wissen, was von ihnen erwartet wird, sodass sie Ziele geradlinig verfolgen können
- Definieren sich über ihre Leistung und Kompetenz und erwarten, dafür belohnt zu werden
- Brauchen die Freiheit, ihre Meinung äußern zu können, ohne „Bestrafung" zu fürchten
- Halten gerne eine professionelle Distanz
- Reagieren besonders sensibel auf Einmischung und Kontrolle
- Bevorzugen kompetente Vorgesetzte, die selbst Ahnung vom Fach haben

- Fordern Authentizität, Transparenz und integrative Führung mit Dialog auf Augenhöhe
- Wollen von einer Vision inspiriert und begeistert werden
- Erwarten Idealismus und Realitätssinn zugleich sowie Mut zur Ehrlichkeit
- Haben eine starke Vorliebe für Coaching und Mentoring
- Übertragen berufliche Kontakte gerne ins Privatleben
- Wollen für ihren Einsatz belohnt und gelobt werden
- Erwarten von Vorgesetzten Unterstützung und ständige Wertschätzung in Form von positivem Feedback

- Wünschen sich einen Vorgesetzten, der gerecht, kompetent, verständnisvoll und freundlich ist
- Führungskräfte sollen Leistung anerkennen, Mitarbeiter motivieren und für ihre Vorschläge offen sein
- Wollen einen Vorgesetzten, der auch in hektischen Phasen Ruhe ausstrahlt
- Mögen einen unterstützenden Führungsstil, der zum Erreichen hochgesteckter Ziele anspornt und den Weg dahin ebnet
- Mitarbeiterführung entwickelt sich weg vom Privileg Einzelner zu sich selbst regulierenden Teams („kollaborative Schwarmführung")

Praxisseite

Wie sieht es mit der Mitarbeitermotivation in Ihrem Unternehmen aus: Findet in diesem Bereich eine generationsspezifische Zielgruppensegmentierung statt?

_____

_____

_____

_____

Wie können Sie Ihre persönliche Kommunikation mit Babyboomern, Xern, Ypsilonern und Zlern optimieren?

_____

_____

_____

_____

Was können Sie tun, um die Zusammenarbeit mit Vertretern anderer Generationen zu verbessern? Rufen Sie sich noch einmal Ihre Werte und Muster in Erinnerung.

_____

_____

_____

_____

Wie können Sie Ihr eigenes Führungsverhalten generationsspezifisch anpassen?

_____

_____

_____

_____

Mit wem möchten Sie diese Thematik gezielt ansprechen,
um Veränderungen anzustoßen? Wer könnte Ihnen bei der
Umsetzung helfen?

_____

_____

_____

_____

Für Ihre Notizen:

_____

_____

_____

_____

_____

_____

4 Personalentwicklung

Sind Mitarbeiter erst einmal rekrutiert und im Unternehmen eingebunden, stellt sich früher oder später die Frage: Wie können verschiedene Mitarbeiter sinnvoll entwickelt und gefördert werden? Auch hier – wie in den anderen Bereichen – ist die Generationszugehörigkeit natürlich nicht das einzige Kriterium, nach dem über mögliche Entwicklungsmaßnahmen entschieden werden sollte, aber es ist ein Aspekt, der bisher in der Praxis oft keine Berücksichtigung findet. Dabei haben die unterschiedlichen Generationen aufgrund ihrer Prägung bestimmte Präferenzen entwickelt, die sich auf ihr Lernverhalten übertragen lassen und somit auf Entwicklungsmaßnahmen, die je nach Generation mehr oder weniger gut geeignet sind. Einige lassen sich anhand der im vorangegangenen Kapitel behandelten Präferenzen rund um Motivation und Kommunikation ableiten. Andere sind durch Studien oder Beobachtungen belegt. Ausgehend von den Lernpräferenzen kann man darauf schließen, welche Entwicklungsmaßnahmen sich für verschiedene Generationen am besten eignen. Auch die Karriereplanung für Mitarbeiter, in die ein Unternehmen oft viel Zeit und Geld investiert, kann sich an den typischen Generationsprofilen orientieren. Im Verlauf dieses Kapitels werden wir zunächst die Lernpräferenzen der vier Generationen am Arbeitsplatz näher betrachten, anschließend erfolgreiche Entwicklungsmaßnahmen vorschlagen und uns schließlich der Frage widmen, wie optimale Karriereplanung für die vier Generationen aussehen kann.

4.1 Lernpräferenzen

Je nachdem, mit welchen Lehrmethoden Generationen groß geworden sind, haben sich unterschiedliche Lernmuster und -präferenzen entwickelt. Diese beziehen sich zum Beispiel auf Lehrformate, Unterrichtsmaterialien, Schwierigkeitsgrade oder auf die Rolle, die der Lehrbeauftragte einnimmt. Die Welt lernender Kinder und Jugendlicher hat sich im Laufe der Zeit gewandelt. Während ein Schüler, der seine Hausaufgaben nicht vollständig gemacht hatte, früher vom Lehrer verwarnt und zusätzlich von den Eltern gemaßregelt wurde, wird er heutzutage von seinen Eltern getröstet, bevor sie sich auf den Weg machen, um sich beim Lehrer über die unangemessen vielen Hausaufgaben zu beschweren. Außerdem findet Lernen längst nicht mehr ausschließlich in der Schule statt, sondern parallel auch virtuell, online und in sozialen Netzwerken. Nach einer Präsentation der Marketing-Research-Firma sparks & honey haben 85 Prozent der amerikanischen Generation Z schon einmal online recherchiert, 52 Prozent suchen regelmäßig im Zusammenhang mit ihren Schulaufgaben nach Material auf YouTube oder ähnlichen Portalen und 32 Prozent haben schon online mit Klassenkameraden gemeinsam an einem Projekt gearbeitet. Wie seine Generation zum Thema Lernen und Schule steht, beschrieb der damals 13-jährige Logan LaPlante in einem äußerst sehenswerten TEDx-Talk 2013 an der University of Nevada. Sein Vortrag zum Thema „Hackschooling" begann er mit der Antwort auf die Frage, die Kindern besonders oft gestellt wird, nämlich, was sie einmal werden wollen, wenn sie groß sind. Logan LaPlante sagte: „When I grow up, I want to be happy", und spricht damit einer ganzen Generation aus dem Herzen.

Lernen und Lehren mit Klassenzimmer-Mentalität

Babyboomer sind mit klassischem Schulunterricht groß geworden. Lehrer waren Respektspersonen, die oft für ihr Wissen geschätzt und manchmal für ihre Strenge gefürchtet wurden. Die Schüler saßen artig im Klassenzimmer, während der Lehrer vorne an der Tafel stand und referierte. Gehorsam und Disziplin wurden zu Hause anerzogen und weder Eltern noch Schüler hätten im Traum daran gedacht, die Autorität des Lehrers infrage zu stellen.

Auch wenn die Technologie der letzten Jahrzehnte nicht spurlos an den Babyboomern vorübergegangen ist, bevorzugen sie bis heute persönliche Lernszenarien, gerne auch in einer Klassenzimmer-ähnlichen Umgebung. Das heißt, die Atmosphäre ist formell und es gibt eine klare Respektsperson im Raum – den Lehrbeauftragten. Seine Expertise wird akzeptiert, die Inhalte werden kaum hinterfragt, schließlich wurde er ja von einer zuständigen Instanz eingesetzt. Babyboomer gehen davon aus, dass der Lehrer „alles" weiß, was es zu einem Thema zu vermitteln gibt. Des Weiteren werden Bücher, Arbeitsblätter und ähnliche Unterlagen geradezu erwartet, um den Unterricht zu vervollständigen. Sorgfältige Vor- und Nachbereitung von Unterrichtseinheiten sind für Babyboomer selbstverständlich.

Babyboomer streben nach Status

Babyboomer haben im Allgemeinen ein höheres Streben nach Status als die nachfolgenden Generationen. Sie sind mit viel mehr Hierarchie und Struktur groß geworden, weshalb es sinnvoll sein kann, ihre Lernziele an berufliche Entwicklungsmaßnahmen und Statusebenen zu koppeln. Einerseits kann das bedeuten, ihnen Zugang zu bestimmten Lernoptionen zu geben, wenn sie eine entsprechende Stufe in der Organisation erreicht haben. Andererseits kann eine Beförderung, ein Zusatztitel oder ein Zertifikat auch die Belohung für ein erreichtes Lernziel sein. Beides wird von Babyboomern akzeptiert und kann ihre Motivation fördern. Grundsätzlich ist es für sie eine Auszeichnung, überhaupt für ein Training nominiert zu werden, hebt es sie doch von der Masse ab, weshalb sie im Gegenzug Einsatz zeigen und bereit sind, hart zu arbeiten.

Für Babyboomer ist Teamwork ein aussichtsreiches Arbeitsmodell, denn in ihrer Vielzahl haben sie früh gelernt, entweder zu konkurrieren oder zusammenzuarbeiten, wobei Letzteres ihrem Bedürfnis nach Harmonie eher entspricht. Wer also Lernszenarien für Babyboomer designt, sollte darauf achten, oft und gerne Teamarbeit einzubauen. Im Team fühlen sich die meisten Babyboomer gut aufgehoben und schätzen das gemeinsame Engagement. Ebenso werden Entscheidungen in der Gruppe meist demokratisch und konsensorientiert getroffen. Da Babyboomer eine Tendenz zur Konfliktvermeidung haben, müssen Lehrende ihnen entweder zeigen, wie sie konstruktiv mit Konflikten und Kritik umgehen, oder schlichtweg Spannungen im Lernumfeld vermeiden.

Was Babyboomer gerne annehmen, sind Herausforderung und knifflige Lernaufgaben. In der Regel können sie die Konzentration, das Durchhaltevermögen und den nötigen Ehrgeiz aufbringen, schwierige Aufgaben zu lösen. Sie steigen auch gerne tiefer in ein Thema ein, denn in ihren Augen kann nur derjenige ein Experte werden, der sich eingehend mit der Materie beschäftigt hat. Somit wird vom Lehrenden erwartet, ja geradezu vorausgesetzt, dass er ein Spezialist auf seinem Gebiet ist. Dies sollte er durch theoretisches Hintergrundwissen und Fallstudien im Unterricht belegen.

Babyboomer mögen Herausforderungen

Vom Lehrenden erwarten Babyboomer außerdem eine klare Führung im Klassenzimmer, Antworten auf ihre Fragen und eine freundliche, themenbezogene Kommunikation. Lehrende sollten sich im Klaren sein, dass Babyboomer nicht unbedingt von selbst mit der Sprache rausrücken, wenn sie etwas nicht verstanden haben oder mit einer Vorgehensweise nicht einverstanden sind. Nicht-Wissen ist in ihren Augen eine Schwäche, die sie nur ungern zugeben, da es sie im Wettbewerb zurückwerfen könnte. Missfallen oder Widerspruch bringen sie ebenso ungern zum Ausdruck, da es ihrem Bedürfnis nach Harmonie im Weg steht. Lehrbeauftragte tun deshalb besonders gut daran, im Lernumfeld mit Babyboomern feine Antennen für ihre

Bedürfnisse zu entwickeln und sie regelmäßig um ihr Buy-in zu bitten. So kann der Lehrende zum Beispiel fragen, ob die Teilnehmer bereit sind, von einer Lerneinheit zur nächsten weiterzugehen, oder ob noch Fragen offen sind. Ebenso kann er Möglichkeiten anbieten, anonym Fragen zu stellen oder Feedback zu geben, zum Beispiel, indem Teilnehmer Post-its auf eine Wand kleben.

Gen X hinterfragt Autorität
Zwar ist auch die Generation X noch größtenteils mit klassischem Frontalunterricht aufgewachsen, allerdings wurden Lehrer eher skeptisch zur Kenntnis genommen und Xer fanden ihre Freude daran, Lehrinhalte mehr oder weniger subtil zu hinterfragen und gegebenenfalls dagegen zu rebellieren. Grundsätzlich reagieren Xer auf Autorität, Vorgaben und Regeln eher allergisch. Um ihnen möglichst viel Entscheidungsfreiheit einzuräumen, lässt man sie am besten selbst entscheiden, ob sie überhaupt an einer Fortbildung oder Lehrveranstaltung teilnehmen wollen, anstatt es ihnen vorzuschreiben. Xer schätzen diese Form von Verantwortungsübertragung und können damit umgehen.

Xer lieben ihre Freiheit
Die Generation X hat ein großes Autonomiebedürfnis und ist es gewohnt, Eigenverantwortung zu übernehmen. Dementsprechend haben Xer auch eine individuelle Herangehensweise ans Lernen und sind besonders offen für Selbststudium und E-Learning-Einheiten, die sie sich zeitlich und idealerweise auch ortsungebunden frei einteilen können. Die dafür nötige Disziplin haben sie von ihren Vorgängern übernommen, legen aber neben dem flexiblen Angebot auch besonderes Augenmerk darauf, dass Lernmodule zielgerichtet, praxisorientiert und effizient gestaltet sind. Ein klarer Zusammenhang zu ihren Arbeitsinhalten muss erkennbar sein, damit sie die entsprechende Entwicklungsmaßnahme überhaupt als sinnvoll erachten.

Die Generation X ist nicht unbedingt mit Technologie aufgewachsen, hat sich aber im Laufe ihres Berufslebens an den Einsatz moderner Medien gewöhnt. Zwar kennen Xer Arbeitsblätter, Begleitbücher und Kursmaterial in dicken Ordnern noch von früher, empfinden derartiges Lehrmaterial inzwischen aber als veraltet. Nicht nur, dass es unnötig Platz im Gepäck, auf dem Schreibtisch oder im Regal in Anspruch nimmt, die pragmatischen Xer sehen der Tatsache ins Auge, dass sie das meiste davon außerhalb der Unterrichtseinheit nie wieder zur Hand nehmen werden. Deshalb dürfen Lehrbeauftrage mit ihrem „Hardcopy"-Unterrichtsmaterial gern sparsam sein, denn es wird von Xern größtenteils als überflüssig angesehen und beeindruckt sie – im Gegensatz zur wertschätzenden Vorgängergeneration der Babyboomer – kaum.

Während Babyboomer gerne im Team arbeiten und lernen, sind Xer klassische Einzelkämpfer. Sie sehen Konkurrenz- beziehungsweise Machtkampf nicht als einen Konflikt, dem man besser aus dem Weg geht, sondern als etwas, das ihr Vorankommen beschleunigen kann. In diesem Sinne dürfen Lernmodule gerne Wettbewerbe und kritische Auseinandersetzungen zum Thema beinhalten. Xer debattieren gerne und halten mit ihrer Meinung meist nicht hinterm Berg. Lehrbeauftragte sollten deshalb in der Lage sein, mit skeptischen Kommentaren und kritischen Fragen der Teilnehmer umzugehen, ohne sich davon aus dem Konzept bringen zu lassen. Sie werden nicht mehr automatisch als Autorität respektiert, bloß weil sie vor der Lerngruppe stehen, sondern müssen sich erst einmal durch professionelles Auftreten, sachliche Inhalte und Fachkompetenz beweisen.

Xer sind klassische Einzelkämpfer

Die gute Nachricht ist: Das Gleiche gilt auch umgekehrt – Xer mögen herausgefordert und zu Höchstleistungen animiert werden, sich und ihr Wissen unter Beweis stellen. Sie definieren sich über ihre Leistung, denn dafür wurden sie von klein auf gelobt. Die Generation X ist tendenziell eine belohnungsorientierte Generation, und ihnen für den Lernerfolg einen finanziellen Bonus, einen Schritt auf der Karriereleiter oder mehr Befugnisse in Aussicht zu stellen kann ihre Motivation zu lernen beflügeln. Während die idealistischen Babyboomer gern um des Wissens selbst lernen, fragt sich der typische Xer, wofür das Gelernte gut ist und was er damit anfangen kann. Deshalb ist es zielfördernd, im Umgang mit Xer-Lernenden stets den Praxisbezug herzustellen und ihnen die Vorteile klarzumachen, die ihnen durch das Gelernte zuteilwerden. „Höher, schneller, weiter" funktioniert gut als Lernmotivation für die Generation X.

Für Ypsiloner ist Lernen kein Privileg

Die Ypsiloner dagegen verstehen Fortbildung gern als Angebot, das sie nach Belieben an- oder ablehnen können. Für sie ist es weniger ein Anreiz, mehr zu erreichen, als ein Zeitvertreib nach dem Lustprinzip. Der Generation Y wurden von klein auf unzählige Möglichkeiten offeriert, ihren individuellen Begabungen und Neigungen nachzugehen, denn ihre Eltern wollten ihnen stets „etwas bieten". Deshalb muss ihnen am Arbeitsplatz manchmal noch deutlich gemacht werden, dass es durchaus ein Privileg sein kann, für bestimmte Entwicklungsmaßnahmen ausgewählt worden zu sein, und dass manche Gelegenheiten einzigartig sind beziehungsweise nicht jederzeit nach Belieben zur Verfügung stehen. Lernen als etwas Besonderes oder als Belohnung zu verstehen, ist Vertretern der Generation Y naturgemäß eher fremd, kann sie aber motivieren mitzumachen.

Ypsiloner bevorzugen ein persönliches Lernumfeld, obwohl sie auch sehr gut in einer virtuellen Umgebung lernen können. Soziale Netzwerke, die oft nur als Freizeitbeschäftigung angesehen werden, können wertvolle Lernimpulse geben. Dabei kommt es ihnen vor allem auf das Gemeinschaftsgefühl an, etwas in einer Gruppe Gleichgesinnter zu erleben und mit ihnen zu teilen. Wer also Lerneinheiten für Ypsiloner designt, sollte vor allem darauf achten, dass Zusammenarbeit und soziale Interaktion im Vordergrund stehen, sei es virtuell oder in der realen Welt.

Lernen muss Spaß machen

Neben der sozialen Komponente ist Spaß ein wichtiger Faktor, den es zu berücksichtigen gilt, wenn man ein ansprechendes Lernkonzept für die Generation Y entwickeln möchte. Der Einsatz moderner Medien ist dabei selbstverständlich, Unterhaltung und spielerische Elemente sind ebenfalls sehr beliebt. Trends wie „Gamification" oder „Edutainment" (eine Kombi-

nation aus den englischen Begriffen „Education" und „Entertainment") finden immer mehr Beachtung, und das hat gute
Gründe, denn sie entsprechen den Lernpräferenzen der Generation Y. Der Einsatz von gedrucktem Unterrichtsmaterial wie
Arbeitsblättern, Artikeln und Handbüchern ist dagegen völlig
out. Wenn überhaupt, wird Material gefordert, das sich platz-
sparend elektronisch speichern und mobil abrufen lässt. Ypsiloner wollen sich nicht mit zusätzlichem Ballast herumschlagen
und lernen sowieso lieber nach dem Minimalprinzip – gerade so
viel wie nötig, aber auch nicht mehr.

Der Ehrgeiz, zum Experten zu werden und dafür tief in die Ma- **Ypsiloner sind**
terie einzutauchen, ist ihnen eher fremd, denn Schnelllebigkeit **Minimalisten:**
und eine kurze Aufmerksamkeitsspanne sind weitere typische **so wenig wie**
Kennzeichen der Ypsiloner, die für die Gestaltung von Lernein- **möglich, so viel**
heiten eine Rolle spielen. Zwar mögen es die Ypsiloner in der **wie nötig**
Regel, kreative Lösungsansätze und innovative Konzepte zu entwickeln, allerdings nur, wenn die Aufgabe nicht von vornherein
als „zu schwer" oder unlösbar empfunden wird. Anders als ältere Generationen, die von kniffligen Aufgaben zu Höchstleistungen animiert werden, versuchen die Ypsiloner es mitunter gar
nicht erst beziehungsweise verlieren schnell die Lust. Hartnäckigkeit oder Ausdauer zählen nicht zu ihren herausragenden
Eigenschaften, weshalb es wichtig ist, den Lehrstoff lieber kurzweilig aufzubereiten, ihn in kleine Einheiten aufzuteilen und
idealerweise auch noch spielerisch zu verpacken. Kurze Video-
Clips eignen sich zum Beispiel gut, denn je jünger die Mitarbeiter, desto eher sprechen sie auf visuelle Medien an.

Beinahe ebenso wichtig wie die Y-Lernenden nicht zu überfor- **Ypsiloner brauchen**
dern ist es, sie bei Lernerfolgen, seien sie auch noch so klein, zu **schnelles Feedback**
loben und weiter anzuspornen. Sofortige Rückmeldung in Form
von positivem Feedback ist essenziell, um sie bei der Stange zu
halten. Viele, kleine (leichte) Schritte führen bei Ypsilonern am
ehesten zum Lernerfolg. Gerade weil das den Präferenzen und
Gewohnheiten der älteren Generationen, die ja häufig feder-
führend sind, wenn es um das Design von Entwicklungsmaß-

nahmen für jüngere Mitarbeiter geht, völlig entgegensteht, kommt bei Babyboomern und Xern schnell Widerwille auf, es den Ypsilonern „zu einfach" zu machen. Will ich jedoch die Lernenden wirklich erreichen, muss ich ihre Sprache sprechen und das bedeutet auch, mich ihrem Lernverhalten anzupassen und nicht auf eigenen Sichtweisen zu beharren.

Vom Lehrbeauftragten wird weder Autorität noch Professionalität erwartet. Stattdessen lernen Ypsiloner am liebsten von einem Coach oder Mentor, der sie bereitwillig an seinem reichen Erfahrungsschatz teilhaben lässt, von jemandem, der sie ermutigt, ihnen den Rücken freihält, der genauso formlos, ungezwungen und locker im Umgang ist wie sie selbst. Ähnlich wie bei ihren Vorgesetzten sehen sich die Ypsiloner auch mit ihren Lehrbeauftragten auf Augenhöhe. Der gegenseitige Respekt hängt nicht von Kompetenz ab, sondern vielmehr davon, sich ein und demselben Zweck verschrieben zu haben. Überhaupt spielt die Sinnfindung eine große Rolle für die Generation Y. Ständig hinterfragen sie das „Warum", und so tut man auch bei der Weiterentwicklung gut daran, ihnen stets zu erklären, warum etwas gelernt werden sollte, was dahintersteht und welchem höheren Zweck es dient. Während ein Xer sich mit dem unmittelbaren Praxisbezug zufriedengibt, strebt ein Ypsiloner oft nach höherer Sinnfindung und tieferer Bedeutung.

Zler wollen Einfluss nehmen   Betrachtet man abschließend die Lernpräferenzen der Generation Z, dann wird dieser Trend nach Sinnsuche noch verschärft. Für Zler ist der Gesamtzusammenhang ebenso wichtig wie der Praxisbezug. Viele ihrer Eltern sind pragmatische Xer, die ihnen eine klare Zielorientierung und konkrete Handlungsweisen vorgelebt haben. Somit sind Zler durchaus effizienzgetrieben, auch weil sie in dem Wissen groß werden, dass Ressourcen wertvoll und mitunter begrenzt sind. Gerade weil das so ist, wollen sie lernen, wie sie selbst Einfluss nehmen und sinnvoll zum großen Ganzen beitragen können.

Für diese Generation, mehr als für jede andere, ist die Möglichkeit zu lernen eine Selbstverständlichkeit. Es gibt nichts, was sie nicht binnen Sekunden mühelos herausfinden, vertiefen oder entdecken können. Dank Internet und globaler Vernetzung liegt ihnen die (virtuelle) Welt buchstäblich zu Füßen beziehungsweise kann per Tastendruck oder Touchscreen jederzeit abgerufen werden. In Form von Smartphones tragen Zler unendliches Wissen quasi in der Hosentasche mit sich herum und Arbeitgeber müssen sich darüber im Klaren sein, dass Lernangebote für diese Generation nichts Besonderes mehr sind und sich daher kaum als „Belohnung" für besondere Leistungen eignen. Wenn ein Zler am Arbeitsplatz nicht die Entwicklung bekommt, die er sucht, wird er sie sich woanders holen. Als Arbeitgeber oder Vorgesetzter kann ich das nun gutheißen oder nicht, aber ändern oder verhindern kann ich es nicht. Stattdessen kann man sich die damit einhergehenden Möglichkeiten zunutze machen, indem man die Zler dazu ermutigt, Eigeninitiative zu ergreifen, sich selber weiterzubilden und das Gelernte mit anderen Mitarbeitern zu teilen. Somit entsteht ein immer enger geknüpftes Wissensnetz, das allen Mitarbeitern zugutekommt, ohne dass ein Unternehmen viel dazu tun oder dafür investieren muss. Geschehen lassen oder sogar dazu aufrufen, lautet die Devise!

Für Zler ist Lernen eine Selbstverständlichkeit

Die frühen Vertreter der Generation Z, die bisher in die Arbeitswelt eingetreten sind, ähneln noch sehr den Ypsilonern, was sich auch in ihren Lernpräferenzen widerspiegelt: Sie bevorzugen ein persönliches Lernumfeld, kommen aber in einer virtuellen Umgebung auch gut zurecht. Sie lernen am liebsten auf unterhaltsame, humorvolle Art und Weise, Spaß und Entertainment dürfen nicht zu kurz kommen. Der Einsatz von Multimedia ersetzt Hardcopy-Unterrichtsmaterialien, alles muss elektronisch, virtuell und mobil sein, um mit ihrem modernen Lifestyle und Lebensrhythmus mithalten zu können. Ihre Aufmerksamkeitsspanne ist kurz, Lerninhalte sollten abwechslungsreich und kreativ aufbereitet werden. Mehr noch als Ypsiloner mögen Zler visuelle Inhalte. Neben Video-Clips sind zum Beispiel Infographics ein sehr beliebtes Medium, auch kom-

Zler lernen multimedial und mobil

plexe Inhalte kurz und prägnant zu vermitteln. Des Weiteren funktioniert die Methodik des „Storytelling" gut. Eine lebendig erzählte Geschichte weckt neben der Aufmerksamkeit und Konzentration auch Emotionen. Auf diese Weise wird ihr Interesse am Lerninhalt gefördert.

Im Gegensatz zu den Ypsilonern lernen Zler mindestens ebenso gern individuell wie im Team. Von ihren Autonomie liebenden Xer-Eltern werden sie zur Unabhängigkeit erzogen, mögen eigene Beiträge leisten und dafür auch individuell belohnt und wertgeschätzt werden. Ihr eigenes Zutun zum Ergebnis ist ihnen wichtig, sie wollen Einfluss nehmen und die Früchte ihrer Arbeit ernten. Somit ist Belohnung ein Thema für sie, diese sollte aber über materielle Anreize hinausgehen, denn Zler sind noch immer im Überfluss groß geworden, auch wenn sie Wohlstandsgrenzen eher kennen als die Ypsiloner.

Zler brauchen weniger Führung Obgleich Zler gern Feedback erhalten, sind sie weniger davon getrieben als ihre Y-Vorgänger. Auch erwarten oder brauchen sie aufgrund ihrer Tendenz zur Unabhängigkeit weniger Führung und Anleitung von Vorgesetzten. Wenn sie Hilfe brauchen, werden sie danach fragen. Bei der Entwicklung von Lernmodulen darf daher eine gewisse eigenständige Arbeitsweise vorausgesetzt werden. Der Lehrbeauftragte wird von Zlern übrigens weder als Autorität noch als Experte oder als Coach gesehen, sondern in erster Linie als „Freund" auf Augenhöhe. Das Gleiche gilt für sämtliche Kontakte im Berufsleben, denn Zler sind mit dem Verständnis aufgewachsen, dass so ziemlich jeder ein potenzieller (Facebook-)„Freund" ist, mit dem man sich austauschen, vernetzen und Inhalte teilen kann. Zwar mag ein Lehrbeauftragter spezielle Inhalte zu einem bestimmten Thema vermitteln, weil er dafür zufällig Experte ist, allerdings lebt jeder typische Zler in dem Bewusstsein, dass auch er Dinge weiß, die er wiederum anderen beibringen kann, sodass durch Wissensvorsprung (der außerdem jederzeit umgekehrt werden kann) keine Autorität mehr besteht. Respekt, Vertrauen und Loyalität müssen durch authentisches Verhalten erst verdient werden.

Ist das aber erreicht, verpflichtet sich ein Zler gerne zu beinahe grenzenlosem Einsatz und Hingabe.

Selten hat man es im Unternehmensumfeld mit einer homogenen Lerngruppe zu tun, in der eine klare Generationszugehörigkeit vorherrscht. Deshalb ist es nicht sinnvoll, sich nur auf eine der Teilnehmergruppen zu fokussieren, sondern möglichst den Lernpräferenzen aller Generationen entgegenzukommen und Lehreinheiten abwechslungsreich und vielfältig zu gestalten. Mit welchen Entwicklungsmaßnahmen das möglich ist, erklärt das folgende Kapitel.

Zusammenfassung Lernpräferenzen

Die wichtigsten Inhalte der vorangegangenen Abschnitte fasst die folgende Tabelle zusammen:

	Babyboomer	Generation X
Angebot	ihnen die Freiheit geben, aus Optionen zu wählen	entscheiden lassen, ob sie überhaupt lernen wollen
Format	am liebsten im Klassenraum, zu festen Zeiten, persönlich anwesend	bevorzugen Self-Service, E- oder Blended Learning mit flexiblen Zeiten
Lernziele sollten gekoppelt sein an …	höhere Statussymbole und Beförderungen, die das Erreichen von Karrierezielen vor der Rente ermöglichen	(finanzielle) Belohnung, Positionen und Aufgaben/Projekte, die die berufliche Entwicklung unterstützen
Methode	mögen Lerngruppen mit viel Teamwork, erledigen Vor- und Nachbereitung	selbstbestimmtes Lernen und individuelle Beiträge
Komplexität	Aufgaben können Sorgfalt erfordern und schwierig sein; wenn die Gruppe Entscheidungen treffen muss, dann wahrscheinlich per demokratischem Entscheidungsprozess.	Aufgaben sollten in den Kontext passen, zielführend und pragmatisch sein; schwierige Aufgaben können gestellt werden, wenn die Ressourcen zur Verfügung stehen, diese zu lösen.
Schwierige Konversationen	Vermeiden Sie Spannungen und Konflikte (oder lehren Sie, wie man damit umgeht).	Rechnen Sie damit, dass Xer ihre Meinung offen äußern, sie mögen Diskussionen und Debatten.
Trainerrolle	Babyboomer erwarten vom Trainer, Experte zu sein, der eine klare Autorität einnimmt und die Einheit freundlich und souverän leitet.	Xer sehen im Trainer einen von ihnen, der eine nichtautoritäre Führungsrolle einnimmt und kompetent und professionell anleitet.
Profi-Tipp für den Trainer	Trainer sollten nach Verständnis und Buy-in fragen, denn die Teilnehmer werden nicht sagen, wenn sie etwas nicht verstanden haben oder nicht einverstanden sind.	Seien Sie darauf vorbereitet, kritisches Feedback, skeptische Kommentare und herausfordernde Fragen zu beantworten; im Gegenzug scheuen Sie sich nicht, die Teilnehmer genauso herauszufordern.

Generation Y	Generation Z
Lernen als Belohnung definieren, die nicht jedem zusteht	akzeptieren, dass man das Angebot nicht mehr kontrollieren kann
bevorzugen persönliches Format, kommen aber virtuell zurecht	multimodales Lernen (Sprache, Bilder, Handeln), persönlich oder virtuell
unmittelbare Belohnung und kurzfristige Aufstiegsmöglichkeiten; wenn es Spaß macht, ist es gut	einen bestimmten Zweck, die eigene Entfaltung, individuelle Ziele und persönliche Präferenzen
(virtuelle) Gemeinschaften mit viel Zusammenarbeit und Interaktion	selbstbestimmtes Lernen, Hauptsache „hands-on", praktisch und spielerisch
Aufgaben sollten zur kreativen Problemlösung anregen, in kleine Portionen geteilt und mit kurzer Aufmerksamkeitsspanne lösbar sein; sie dürfen nicht zu schwer sein.	Kleine, kurze Portionen passen zur geringen Aufmerksamkeitsspanne; Aufgaben, die von vornherein als zu schwer wahrgenommen werden, frustrieren.
Erklären Sie stets, warum etwas wichtig ist und wie es in den größeren Zusammenhang passt.	Erwarten Sie einen echten Dialog, vielleicht ein bisschen aufs eigene Ego fokussiert.
Ypsiloner erwarten vom Trainer, ein Coach oder Mentor zu sein, der sie auf eine informelle, persönliche Art und Weise anfeuert.	Zler sehen den Trainer als „einen unter vielen", der ihnen zweckgebunden etwas beibringen kann, aber trotz Expertenstatus ersetzbar ist.
Nutzen Sie moderne Technologie, Gamification und Edutainment, damit die Einheit Spaß macht; Ypsiloner sind mit einem erhöhten Dopamin-Wert groß geworden und langweilen sich schnell, wenn dem Gehirn dieses „Glückshormon" fehlt.	Lassen Sie sich darauf ein, eine mehrdimensionale Beziehung zur Generation Z aufzubauen: einerseits als Lehrbeauftragter mit einem klaren Zweck, gleichzeitig als jemand, der ihr Vertrauen und ihre Aufmerkamkeit verdienen will.

4.2 Entwicklungsmaßnahmen

Unter Entwicklungsmaßnahmen verstehen wir in diesem Zusammenhang die zielgerichtete Gestaltung von Lern- und Veränderungsprozessen zur Vermittlung von Qualifikationen, welche die aktuellen und zukünftigen Leistungen und die berufliche Entwicklung fördern. Mittels Bedarfsanalyse werden die für eine Stelle erforderlichen Qualifikationen und Sozialkompetenzen mit dem Ist-Zustand verglichen und so der quantitative und qualitative Schulungs- und Entwicklungsbedarf ermittelt. Der übliche Maßnahmenkatalog reicht von Mitarbeitergesprächen, E-Learning, klassischen Schulungen und Trainings über Jobrotationen, Jobenrichment und Jobenlargement bis hin zu Coaching, Mentoring, Auslandsentsendungen und vielem mehr. Je nach Generationszugehörigkeit haben Mitarbeiter unter Umständen Präferenzen für bestimmte Maßnahmen, weshalb es motivierend und wertschätzend sein kann, ihnen verschiedene Optionen anzubieten, aus denen sie selbst eine Wahl treffen dürfen, anstatt für sie zu entscheiden, welche Maßnahme am besten geeignet ist.

Auch die fortschreitende Technisierung eröffnet der Personalentwicklung ungeahnte Möglichkeiten. Gerade zu diesem Thema gibt es bereits eine Vielzahl an Studien mit leicht unterschiedlichen Ergebnissen, aber doch deutlichen Tendenzen: Während Babyboomer online Inhalte primär über Laptop oder Desktop-Computer abrufen (jeweils um die 40 Prozent) und nur 7 Prozent hauptsächlich ein Mobiletelefon dafür nutzen, setzt sich der Trend weg von Computern hin zu mobilen Endgeräten über die Generationen hinweg konsequent fort. Unter den 8- bis 17-Jährigen der Generation Z benutzen immerhin 33 Prozent mehrmals am Tag einen Desktop-Computer, 39 Prozent einen Laptop und 57 Prozent ein Handy oder Smartphone. Unter den 13- bis 17-Jährigen steigt letztere Kennzahl sogar auf fast 80 Prozent. Bei der Gestaltung generationstypischer Entwicklungsmaßnahmen sollte dieser Dynamik wenn möglich Rechnung getragen werden. Im Folgenden wollen wir zehn verschiedene Maßnahmen betrachten und ihre Eignung für die vier Generationen untersuchen.

Die Zuteilung einer bestimmten Aufgabe oder eines Projekts soll dem Mitarbeiter helfen, fachliche oder soziale Kompetenzen zu entwickeln. Mit der Übertragung der Aufgaben signalisiert der Arbeitgeber sein Vertrauen in den Mitarbeiter und in dessen Potenzial. Je nach Umfang und Wichtigkeit der Aufgabe kann so ein Einsatz entscheidende Karriereweichen stellen. Gemäß Daniel Pinks Motivationstheorie sind Selbstbestimmung, Perfektionierung und Sinnerfüllung die drei wesentlichen Elemente, die Mitarbeiter zu besserer Leistung anspornen. Übernimmt ein Mitarbeiter die Verantwortung für ein Projekt, das diese drei Aspekte berücksichtigt, ist die Wahrscheinlichkeit groß, dass er motiviert und leistungsbereit an die Aufgabe herangeht und sein Bestes gibt. Dabei ist es egal, welcher Generation er angehört, denn solange der Einsatz auf sein Profil und seine Entwicklungsziele abgestimmt ist, ist diese Maßnahme immer eine gute Idee.

Arbeitseinsatz/ Projektaufgabe

Eine Auslandsentsendung ist kostspielig und aufwendig, weshalb sie nur in ausgewählten Fällen zum Einsatz kommt. Ein Arbeitgeber tut deshalb gut daran, vorher gründlich zu ermitteln, ob eine Auslandsentsendung tatsächlich für alle Beteiligten sinnvoll und zielführend ist. Gleichzeitig ist dies ein gutes Beispiel, um den Unterschied zwischen Generationszugehörigkeit und Lebensphasen deutlich zu machen. Denn während es wenig Hinweise darauf gibt, dass Auslandsentsendungen für manche Generationen eher infrage kommen als für andere, lässt sich doch feststellen, dass Mitarbeiter in verschiedenen Lebensphasen mehr oder weniger offen dafür sind, für eine gewisse Zeit ins Ausland zu ziehen. Je jünger der Mitarbeiter, desto attraktiver mag diese Möglichkeit erscheinen, denn er trägt womöglich noch keine Verantwortung für Familienangehörige oder ist weniger an seinem aktuellen Wohnort verwurzelt als Xer und Babyboomer.

Auslandsentsendung

Eine Studie von Move Guides gibt an, dass 93 Prozent der befragten Ypsiloner aus den USA und Großbritannien erwarten, im Laufe ihrer Karriere einmal im Ausland zu leben und zu arbeiten. 85 Prozent von ihnen würden sogar in ein Land ziehen, das sie vorher noch nicht besucht haben. Interessant ist aber auch, dass in Deutschland nur 11 Prozent der 15- bis 24-Jährigen die Möglichkeit, im Ausland zu arbeiten, bei der Berufswahl für besonders wichtig halten. Zeichnet sich hier eine Wende ab? Das bleibt abzuwarten. Derzeit scheint eine Auslandsentsendung für Ypsiloner von allen Generationen am attraktivsten zu sein. Gleichzeitig sind 74 Prozent von ihnen bereit, Dienstleistungen rund um die Entsendung online selbst zu organisieren, was den Verwaltungsaufwand für Arbeitgeber deutlich reduzieren und diese Entwicklungsmaßnahme erschwinglich machen kann.

Coaching Der Deutsche Bundesverband Coaching e.V. definiert Coaching als „die professionelle Beratung und Begleitung von Personen mit der Zielsetzung, die Weiterentwicklung von individuellen oder kollektiven Lern- und Leistungsprozessen zu unterstützen". Ein grundsätzliches Merkmal des professionellen Coachings ist die Förderung der Selbstreflexion und -wahrnehmung. Der Klient wird dazu angeregt, eigene Lösungen zu entwickeln. Der Coach ermöglicht lediglich das Erkennen von Problemursachen und begleitet den Klienten bei seinem Lernprozess. Dazu ist es unerlässlich, dass Coach und Klient ein Vertrauensverhältnis und eine enge Beziehung zueinander aufbauen und dass der Klient bereit ist, sich dem Coach gegenüber zu öffnen. Betrachtet man die typischen Profile der vier Generationen im Unternehmen, fällt auf, dass Coaching für Babyboomer, Ypsiloner und Zler eine sinnvolle Entwicklungsmaßnahme sein kann. Xern dagegen kann es schwerfallen, sich auf diese Form der Entwicklung einzulassen. Vor allem, wenn sie professionelles Coaching und seine Effekte vorher noch nicht erlebt haben, können sie befürchten, dass es sich dabei eher um Einmischung, Bevormundung oder Kontrolle handelt. Deshalb wird ein Xer vielleicht nicht den gleichen Enthusiasmus an den Tag legen wie zum Beispiel ein jüngerer Mitarbeiter, wenn ihm

Coaching angeboten wird. Umgekehrt müssen gerade Xer-Vorgesetzte lernen, wie man coacht und diese Kompetenz im Führungsalltag einsetzt, denn richtig angewendet ist Coaching ein äußerst effektives Instrument zur Personalentwicklung und zur Mitarbeitermotivation, ganz besonders von Ypsilonern und der Generation Z.

Mit E-Learning sind an dieser Stelle sämtliche Formen des elektronisch unterstützten Lernens gemeint. Dabei hat sich E-Learning in den letzten Jahren von linearer Wissensvermittlung in statischen Online-Kursen weiterentwickelt. So erlauben moderne E-Learning-Systeme flexible und adaptive Konzepte, denen netzwerkartige Dialogstrukturen zugrunde liegen. Der Vorteil von E-Learning-Modellen besteht darin, dass eine höhere Interaktivität und im Idealfall eine emotionale Einbindung gegeben sind. Ursprünglich wurde E-Learning konzipiert, weil Unternehmen damit Kosten und Fehlerquoten senken sowie die Lerneffizienz steigern wollten. Für alle Generationen von Vorteil ist zweifellos die Tatsache, dass individuelles Lernen je nach Vorkenntnis möglich ist, dass das Lerntempo flexibel ist und dass zeit- und ortsunabhängig gelernt werden kann. Besonders Ypsiloner und Zler freuen sich außerdem darüber, dass virtuell asynchron zusammengearbeitet werden kann und dass abstrakte Inhalte mithilfe von Simulationen, Videos, Animationen und Spielen veranschaulicht werden können. Für jüngere Generationen sind vor allem Konzepte wie „Learning on Demand" (selbstbestimmter Zugriff auf Lerninhalte bei Bedarf), „Micro-Learning" (kurze, leicht verdauliche Lerneinheiten), „Mobile Learning" (mobiles Lernen mittels internetfähiger Endgeräte) und „Social Learning" (gegenseitiger Austausch über Lerninhalte und Erfahrungen) von Bedeutung. Dagegen stehen Babyboomer E-Learning eher skeptisch gegenüber. Für sie ist der Umgang mit multimedialer Technologie weniger selbstverständlich als für jüngere Generationen, und oft müssen sie erst lernen, wie eine E-Learning-Anwendung überhaupt funktioniert. Das allein kann frustrieren und vom eigentlichen Inhalt ablenken. Wenn dann die Präsentation von technischen und nicht von

E-Learning

didaktischen Faktoren bestimmt ist und der Kontakt zum Lehrenden und zu anderen Teilnehmern reduziert bis nicht vorhanden ist, sind Babyboomer wenig motiviert, das ermüdende Lernen am Bildschirm auf sich zu nehmen, denn sie bevorzugen einen persönlichen Kontext, in dem sie Rückfragen stellen oder in einen gegenseitigen Erfahrungsaustausch treten können. Noch vor wenigen Jahren galt E-Learning als die Bildungsform der Zukunft. Mittlerweile weiß man, dass E-Learning traditionelle Bildungsformen nicht ersetzen, dafür aber sinnvoll ergänzen kann ("Blended Learning"). Ziel ist es, die Vorteile des Präsenzunterrichts mit denen des mediengestützten Lernens zu verbinden und die Nachteile beider Methoden zu minimieren.

Externe Bildungsmaßnahme Natürlich gibt es immer die Möglichkeit, Mitarbeiter an externen Weiterbildungsmaßnahmen teilnehmen zu lassen, also an Bildungsangeboten, die nicht vom Unternehmen selbst organisiert und gestaltet werden. Darunter fallen vor allem Kurse an akademischen Hochschulen, Berufsakademien und von anderen Institutionen der Erwachsenenbildung, wie zum Beispiel Wirtschaftsverbänden. Je nach Anbieter und Programm sind diese Bildungsmaßnahmen manchmal mit hohen Kosten verbunden. Unternehmen bieten sie auserwählten Mitarbeitern dennoch an, denn die jeweiligen Abschlüsse genießen mitunter einen hohen Stellenwert in der Branche. Bestimmte Zertifizierungen sind oft auch ein Prestigegewinn für den Arbeitgeber und werden von Kunden erwartet. Das allein reicht aber nicht unbedingt aus, um derartige Entwicklungsmaßnahmen für Mitarbeiter attraktiv zu machen. Während Babyboomern ihr eigener Status und die entsprechende Außenwirkung wichtig sind, sind jüngere Generationen von formalen Qualifikationen weit weniger beeindruckt. Für einen Babyboomer mag ein Zertifikat mit dem Stempel einer hochrangigen Universität, das den Besuch eines Kurses bei einer Koryphäe ihres Fachs beurkundet, eine wahre Auszeichnung sein, auf die er stolz ist und die er sich eingerahmt an die Wand hängt. Gleichzeitig wissen Babyboomer die Investition ihres Arbeitgebers zu schätzen und danken sie ihm mit ihrer Loyalität. Xer können der Sache noch etwas abgewinnen, wenn die externe Bildungsmaßnahme einen konkreten Zweck erfüllt, ihnen zum Beispiel zu einer angestrebten Beförderung verhilft. Nur um des Lernens willen oder für die akademische Auszeichnung selbst können sich Xer seltener begeistern. Bei Ypsilonern und Zlern ist diese Einstellung noch stärker ausgeprägt. Für sie sind Diplome und ähnliche Abschlüsse lediglich ein Stück Papier, dessen Erhalt sie nicht zwangsläufig mit höherer Motivation, mehr Leistung oder gesteigerter Loyalität danken. Für sie zählen Erfahrung und Erleben weit mehr als formelle Bildungsmaßnahmen.

Unter Jobenlargement versteht man die Erweiterung einer Tätigkeit oder Rolle auf demselben Anforderungsniveau. Das heißt, ein Mitarbeiter führt zusätzlich zu seiner bisherigen Arbeit anderweitige Aufgaben aus. Ziel ist es, das Tätigkeitsspektrum abwechslungsreicher und interessanter zu gestalten, durch Belastungswechsel eventuell notwendige Erholungen zu ermöglichen, ohne die Arbeit einzustellen, sowie psychische und physische Eintönigkeit zu vermeiden. Das Wunderbare am Jobenlargement ist, dass es in der Regel einfach zu realisieren ist, so gut wie keine Kosten verursacht und der kreativen Umsetzung kaum Grenzen gesetzt sind. Besonders für Mitarbeiter, die schon relativ lange in derselben Rolle tätig sind und auch wenig Aussicht auf Beförderung oder eine formelle Stellenveränderung haben, sollten Personaler und Vorgesetzte überlegen, ob sich Möglichkeiten zum Jobenlargement anbieten. In Bezug auf die verschiedenen Generationen können alle davon profitieren, jedoch eignet sich diese Variante vor allem für Babyboomer, die womöglich keine weitere Sprosse auf der Karriereleiter erklimmen wollen oder werden, sich aber trotzdem neuen Herausforderungen stellen möchten, um motiviert und beruflich fit zu bleiben. Ähnliches gilt für Ypsiloner und Zler, die vielleicht noch nicht so weit sind, dass sie formell befördert werden können, aber Abwechslung brauchen, um nicht die Lust zu verlieren. Auch in diesem Zusammenhang kann Jobenlargement eine sinnvolle Entwicklungsmaßnahme sein.

Jobenlargement

Jobenrichment Quasi das Gleiche lässt sich über Jobenrichment sagen, wobei die bisherige Tätigkeit eines Mitarbeiters um Arbeitsumfänge auf höherem Anforderungsniveau erweitert wird. Das kann – muss aber nicht – eine vorangehende Weiterbildung voraussetzen. Ausschlaggebend ist, dass der Mitarbeiter in höherem Maße eigenverantwortlich handeln und entscheiden darf. Jobenrichment ist grundsätzlich für Mitarbeiter aller Generationen erstrebenswert, denn jeder möchte sich im Laufe seines beruflichen Werdegangs weiterentwickeln und irgendwann mehr Verantwortung übernehmen. Allerdings erwarten die meisten Arbeitnehmer eine formelle Beförderung, wenn sie die nächste Sprosse auf der Karriereleiter erklimmen, sprich einen höheren Jobtitel plus Gehaltserhöhung. Deshalb sollten Personaler und Vorgesetzte erklären können, warum eine Beförderung (noch) nicht angeboten wird, dass aber auch ein Jobenrichment eine wichtige Weiterentwicklung der eigenen Qualifikation ist. Wenn beim Mitarbeiter nämlich der Eindruck entsteht, dass von ihm nur mehr erwartet wird, er dafür jedoch nicht formell belohnt wird, kann diese Entwicklungsmaßnahme sehr schnell ins Gegenteil umschlagen und eher frustrieren als motivieren. Besonders jüngeren Mitarbeitern gegenüber sollten der Vorgang und seine mittel- bis langfristigen positiven Auswirkungen für ihre persönliche Karriereentwicklung erklärt werden, damit sie die Zusammenhänge verstehen und sich nicht ausgenutzt oder getäuscht fühlen.

Jobrotation Jobrotation ist ein systematischer Arbeitsplatz- oder Aufgabenwechsel innerhalb des Unternehmens und dient ähnlich wie Jobenlargement und Jobenrichment der Entwicklung zusätzlicher Kompetenzen, aber auch einer abwechslungsreichen Arbeitsgestaltung. Dabei kann die Rotation planmäßig und in längeren Intervallen erfolgen oder kurzfristig und nur für kurze Zeit angesetzt werden. Ersteres kann für Babyboomer, Letzteres für Ypsiloner und Zler interessant sein. Was jedoch einfach und unkompliziert klingt, ist in der Praxis oft schwer umzusetzen, sei es aus organisatorischen, logistischen oder verwaltungstechnischen Gründen. Deshalb ist Jobrotation nur sinnvoll, wenn sich die Kapitalrendite lohnt, sprich, wenn das Ergebnis die Investition wert ist. Das kann besonders bei jüngeren Generationen der Fall sein. Arbeitgeber beklagen nämlich neben Lücken im Schreiben und Lesen sowie Schwächen bei mathematischen und wirtschaftlichen Grundkenntnissen vor allem, dass Berufsanfänger keine ausreichenden Fähigkeiten in den Bereichen logisches Denken, räumliches Vorstellungsvermögen, Merkfähigkeit, Problemlösungskompetenz, Bearbeitungsgeschwindigkeit und Aufmerksamkeit mitbringen. Auch soziale Fertigkeiten wie Selbstorganisation, Selbstständigkeit, Sorgfalt, Umgangsformen und Verantwortungsbewusstsein werden vermisst. All diese Fähigkeiten werden kaum noch ausreichend während der schulischen Ausbildung erlernt, auch weil sich einige Anforderungen erst konkret am Arbeitsplatz ergeben. Umso wichtiger ist es, jungen Berufstätigen möglichst abwechslungsreiche Tätigkeiten zu bieten, die sie befähigen, vielfältige Kompetenzen zu erwerben beziehungsweise zu stärken, um sich somit langfristig für die Arbeitswelt fit zu machen und leistungsstark einzubringen. Jobrotationen können diesen Vorgang tatkräftig unterstützen und dem Arbeitgeber eine vielseitig einsetzbare, motivierte Belegschaft bescheren.

Als Mentoring bezeichnet man die Eins-zu-eins-Beziehung zwischen einem hierarchisch höhergestellten, erfahrenen Mentor und einem weniger erfahrenen Mentee. Gegenstand dieser Beziehung ist der gegenseitige Austausch im Rahmen regelmäßiger (virtueller) Treffen. Dabei geht es primär um persönliche Betreuung, den expliziten und impliziten Wissenstransfer, interne Vernetzung im Unternehmen und die Förderung von Problemlösungskompetenz. Mentoren teilen ihre Erfahrung und unterstützen auf diese Weise die berufliche und persönliche Entwicklung des Mentees. Auch diese Form der Entwicklung ist grundsätzlich für alle Generationen eine angemessene Maßnahme, wobei unterschiedliche Generationen verschiedene Beweggründe oder Motive für erfolgreiches Mentoring haben können. Xer sehen die Interaktion vor allem zweckgebunden und verfolgen damit meist ein konkretes Karriereziel, weshalb sie

Mentoring

Mentoren am ehesten akzeptieren, wenn diese fachlich qualifiziert und kompetent sind. Ähnlich wie beim Coaching darf auch ein Mentor im Umgang mit Xern nicht zu aufdringlich auftreten, denn Xer brauchen ihren Freiraum und wollen sich nicht überwachen oder dirigieren lassen. Mentoren haben es mitunter schwerer, ein echtes Vertrauensverhältnis zu Xern aufzubauen, und brauchen gegebenenfalls mehr Geduld dabei. Ypsiloner und Zler dagegen sind Mentoring gegenüber extrem offen und aufgeschlossen, denn sie freuen sich über den sozialen Kontakt mit einem erfahreneren Mentor, von dem sie lernen können. Auch haben sie keine Berührungsängste oder Kontaktschwierigkeiten, sich selbst beim „Reverse Mentoring" zu engagieren. Dabei kehrt sich das Mentor-Mentee-Verhältnis um, sodass ein hierarchisch niedrig stehender, meist jüngerer Mitarbeiter in die Mentorenrolle schlüpft und einen hierarchisch höherstehenden Kollegen betreut, weil er in diesem Fall mehr Erfahrung auf einem Gebiet hat als der ältere Mentee. Beim klassischen Mentoring sind häufig Babyboomer in der Mentorenrolle, und das ist auch gut so, denn sie eignen sich aufgrund ihrer langjährigen Erfahrung und Empathie besonders gut als Mentoren für jüngere Kollegen.

Seminare/ Trainings/ Workshops

Die wohl klassischste Form der Personalentwicklung sind Seminare und Schulungen, die wir an dieser Stelle einfachheitshalber mit Lehrgängen, Trainings und Workshops gleichsetzen wollen. Gemeint sind sämtliche Gruppenveranstaltungen, die eine persönliche Anwesenheit der Teilnehmer erfordern und von einem Lehrbeauftragten geleitet werden. Egal, wie digital sich Gesellschaft und Unternehmensalltag auch entwickeln, Menschen aller Generationen werden immer ein gewisses Bedürfnis nach persönlicher Interaktion haben, die keine andere Entwicklungsmaßnahme besser bedienen kann als eine Lehrveranstaltung für mehrere Teilnehmer, die gemeinsam lernen und sich austauschen können. Bei der Gestaltung derartiger Seminare können selbstverständlich die Lernpräferenzen verschiedener Generationen berücksichtigt werden (siehe voriges Kapitel), um ihnen das bestmögliche Erlebnis zu bescheren. Auf jeden Fall mag keine Generation trotz aller Internetaffinität komplett auf persönliche Entwicklungsmaßnahmen in Form von interaktiven Workshops verzichten.

Zusammenfassung Entwicklungsmaßnahmen

Die folgende Tabelle fasst die dargestellten Entwicklungsmaßnahmen und ihre Eignung für die verschiedenen Generationen zusammen:

Maßnahme	Babyboomer	Generation X	Generation Y	Generation Z
Arbeitseinsatz / Projektaufgabe	✔	✔	✔	✔
Auslandsentsendung			✔	
Coaching	✔		✔	✔
E-Learning		✔	✔	✔
Externe Bildungsmaßnahme	✔	✔		
Jobenlargement	✔	✔	✔	✔
Jobenrichment	✔	✔	✔	✔
Jobrotation			✔	✔
Mentoring	✔	✔	✔	✔
Seminare / Trainings / Workshops	✔	✔	✔	✔

4.3 Karriereplanung

Ein weiterer Baustein der Personalentwicklung ist die Karriereplanung oder Laufbahnentwicklung, die die Aufstiegsmöglichkeiten für Arbeitnehmer beschreibt. Dabei unterscheidet man die Führungskarriere von der Fachkarriere und der Projektkarriere. Bei der klassischen Führungskarriere entwickeln sich Mitarbeiter entlang bestehender Hierarchien, indem sie mehr Verantwortung übernehmen (vertikaler Aufstieg). Als Fachkarriere bezeichnet man die Entwicklung durch eine fachliche Spezialisierung der Mitarbeiter (horizontaler Aufstieg). Dank zunehmender Matrixorganisation, vor allem in großen Unternehmen, können sich Mitarbeiter auch über Projekte entwickeln und aufsteigen (Projektkarriere). Natürlich stehen diese Karrierewege grundsätzlich allen Generationen offen. Allerdings können sich Personaler und Vorgesetzte bei der Nachfolgeplanung und der Entwicklung von internen Aufstiegsmöglichkeiten an gewissen Präferenzen der vier Generationen orientieren und ihre berufliche Laufbahn ansprechend gestalten. Besonders wenn es um die langfristige Bindung ans Unternehmen geht, sind attraktive Karrierepfade und Aufstiegsmöglichkeiten ein wichtiger Trumpf im Arbeitgeber-Ärmel, um Mitarbeiter nachhaltig für die Organisation zu begeistern und durch hohe Fluktuation verursachte Kosten zu reduzieren. Neue Arbeitskräfte einzustellen kostet deutlich mehr, als gute Mitarbeiter zu halten.

Babyboomer, die vergessene Generation

Auf die Herausforderungen der alternden Gesellschaft wird paradoxerweise überwiegend mit der Weiterbildung junger Mitarbeiter reagiert. Die Entwicklung von Laufbahnmodellen für ältere Beschäftigte ist nach wie vor eine Ausnahme. So ist es nicht verwunderlich, wenn die ältere Arbeitnehmergeneration sich vernachlässigt fühlt. Babyboomer stellen in vielen Unternehmen einen erheblichen Teil der Beschäftigten und doch verschwinden sie bei Personalern und Führungskräften zunehmend vom Aufmerksamkeitsradar. Während diese versuchen, das Enigma Generation Y zu verstehen und ihre Arbeitgebermarke bei jungen Menschen zu positionieren, vergessen sie ihre Stammbelegschaft und merken dabei nicht, dass viele Babyboomer bereits innerlich gekündigt haben.

Zwar hat der durch den demografischen Wandel hervorgerufene Fachkräftemangel die Einsicht gesteigert, sich wieder mehr um die Generation 50+ zu kümmern, jedoch finden sich nur wenige Beispiele für konkrete Umsetzungen von Maßnahmen zur emotionalen Mitarbeiterbindung für Babyboomer. Deutlich mehr Beispiele finden sich für Arbeitgeber, die Babyboomer in Rente schicken und dann als Ruheständler zeitweise ins Unternehmen zurückholen, um sie für Spezialaufgaben einzusetzen, für die jüngere qualifizierte Mitarbeiter fehlen. Dabei kann eine ansprechende Karriereplanung für die letzten Arbeitsjahre wesentlich dazu beitragen, dass auch ältere Mitarbeiter leistungsstark bleiben und sich hoch motiviert für den langfristigen Unternehmenserfolg einsetzen. Wie kann so eine Planung aussehen?

Zu wenige Maßnahmen für die Generation 50+

Statt Angebote zur Frühverrentung sollten Arbeitgeber lieber gezielte und gut durchdachte Altersteilzeitprogramme anbieten, denn die Frührente setzt eindeutig falsche Signale und kann zu einem Motivations- und Leistungsverlust bei älteren Mitarbeitern führen. Der Gedanke, dass man am Arbeitsplatz nicht länger erwünscht ist, plötzlich zum „alten Eisen" gehört und für nicht mehr leistungsfähig gehalten wird, ist bitter. Viele Babyboomer schalten dann von sich aus – bewusst oder unbewusst – von vollem Engagement zum Schongang herunter. Das wiederum führt dazu, dass der Arbeitgeber sich bestätigt sieht, denn offensichtlich „will der Mitarbeiter nicht mehr", und so landet er auf dem Abstellgleis, noch bevor die Frührente überhaupt in Kraft tritt. Eine Motivations-Abwärtsspirale setzt sich in Gang, die kaum mehr aufzuhalten ist.

Altersteilzeit statt Frührente

Auch Beschäftigte der Babyboomer-Generation können mit geeigneten Entwicklungsmaßnahmen weiterhin dazu angeregt werden, ihre Leistung zu optimieren. Anstatt ausschließlich in Nachwuchstalente zu investieren, sollte eine vernünftige Balance der Personalentwicklung gefunden werden, die alle

Beschäftigten mit einbezieht. Viele ältere Mitarbeiter sind mit ihrer Karriere und ihrem erreichten Status zufrieden, fürchten aber unter Umständen einen Status- und Bedeutungsverlust am Arbeitsplatz, wenn sich immer alles nur um die jüngeren Kollegen dreht. Neben Neid und Frust kann das dazu führen, dass ältere Mitarbeiter ihr Wissen und ihre Erfahrung nicht mehr freizügig teilen, sondern für sich behalten. Machtspielchen dieser Art sind Gift für jedes Betriebsklima und darunter leiden letztlich die Geschäfte genauso wie alle Beschäftigten.

Babyboomer als Coach oder Mentor

Anstatt sie auszugrenzen, sollte man Babyboomer lieber aktiv in die Personalentwicklung mit einbeziehen. Zum Beispiel können sie als Coach oder Mentor jüngere Kollegen betreuen und damit einen wichtigen Beitrag zum langfristigen Unternehmenserfolg leisten. Diese Aufgaben passen auch gut zu ihrem Generationsprofil und die meisten Babyboomer werden sie gerne übernehmen. Wichtig ist, sich frühzeitig mit betroffenen Mitarbeitern zusammenzusetzen und verschiedene Möglichkeiten gemeinsam auszuloten. Personalverantwortliche und Vorgesetzte können älteren Beschäftigten entgegenkommen, indem sie initiativ das Gespräch suchen und die nahende Rente beziehungsweise den Ruhestand sensibel ansprechen. Für einige Babyboomer mag das ein heikles Thema sein, das sie von sich aus nicht anschneiden. Vermeidung ist jedoch für keinen der Beteiligten eine gute Strategie. Stattdessen sind eine ausreichende Vorbereitung und eine Übergangszeit für beide Seiten sinnvoll, um dem Mitarbeiter bis zum Schluss das Ge-fühl zu geben, dass sein Beitrag geschätzt wird.

Xer wandeln auf dem Königsweg

Während die Babyboomer in Bezug auf Karriereplanung als „vergessene Generation" bezeichnet werden können, sind Xer die „Königskinder" der Karriereplanung, denn für sie sind die meisten der heute gängigen Karrieremodelle gemacht worden. Besonders in großen Unternehmen ist die kompetenzorientierte Karriereplanung beliebt. Angeregt von Xern, die einen ersten Versuch wagten, gegen die lineare Hierarchie-Karriere zu rebellieren, haben Arbeitgeber viel Zeit und Geld investiert, um sogenannte „Job Families" (Kompetenz-Familien) und Karrierepfade zu definieren, an denen sich die Mitarbeiter orientieren sollen. Häufig mit aufwendigen Online-Anwendungen aufgerüstet, können Arbeitnehmer sich per Self-Service mögliche Karrierewege und die dafür erforderlichen Qualifikationsprofile anzeigen lassen. Diese Form der strukturierten Information auf Abruf kommt dem Unabhängigkeitsprofil der Generation X sehr entgegen.

Xer befinden sich an einem Punkt ihres Berufslebens, an dem sie schon viel erreicht und trotzdem noch Ziele haben, aber auch wissen, dass die Zeit, diese zu erreichen, begrenzt ist. Selbst in Unternehmen ohne formelle Karriereplanung haben die meisten Xer zumindest eine vage Vorstellung davon, wie der Rest ihrer beruflichen Laufbahn aussehen sollte. Personalverantwortliche und Vorgesetzte motivieren ihre Xer-Mitarbeiter, wenn sie ihnen helfen, diese vagen Vorstellungen in konkrete Karrierepläne zu übersetzen. Natürlich wissen auch Xer, dass nicht alle Pläne eins zu eins umsetzbar sind und dass Unvorhergesehenes dazwischenkommen kann. Dennoch haben sie gerne einen Entwurf, an dem sie sich orientieren können, denn Xer sind zielstrebig. Selbst kleine Etappenziele auf der Karriereleiter bescheren ihnen Bestätigung und helfen, sie ans Unternehmen zu binden. Wobei Xer mit zunehmendem Alter weniger leichtfertig den Arbeitgeber wechseln. Dennoch geht es darum, sie engagiert bei der Stange zu halten, damit sie das Unternehmen leistungsstark unterstützen.

Realistische Meilensteine sind ein wichtiges Element im Karriereplan der Generation X. Von Natur aus eher skeptisch, sehen sie ihre Befürchtungen schnell bestätigt, wenn Vereinbarungen nicht eingehalten werden, und können darauf mit aktiver oder passiver Leistungsverweigerung reagieren. Ebenso kritisch nehmen sie Karriereschritte unter die Lupe, die ihnen vom Arbeitgeber angeboten werden. Xer haben genug Berufserfahrung gesammelt, um zu wissen, dass auch der Unternehmensbereich, der heute vielversprechende Aufstiegsmöglichkeiten bietet und

Xer brauchen Meilensteine

von der Chefetage hochgelobt wird, bereits morgen restrukturiert, abgebaut oder verkauft werden kann. Grundsätzlich halten sich Xer gerne ihre Optionen offen, um gegebenenfalls in Krisensituationen flexibel reagieren zu können und auch langfristig Aussicht auf einen sicheren Arbeitsplatz zu haben. Außerdem mögen sie nicht in eine bestimmte Richtung gedrängt werden, auch wenn ihre wohlmeinenden Vorgesetzten sich einen „idealen Karriereplan" für sie ausgedacht haben.

Xer wollen Selbstbestimmung

Selbstbestimmte Karriereplanung ist ein wichtiger Schlüssel für die langfristige Mitarbeiterbindung der Generation X. Arbeitgeber können Informationen über Aufstiegs- und Entwicklungsmöglichkeiten zur Verfügung stellen, sollten dann aber die Xer selbst darüber entscheiden lassen, was sie eigentlich wollen. So mancher Babyboomer-Vorgesetzte setzt noch den eigenen Karrieremaßstab an, meint damit seinen Mitarbeitern einen Gefallen zu tun und ist überrascht bis verärgert, wenn der „undankbare" Mitarbeiter nicht von den für ihn geschmiedeten Plänen begeistert ist. Ein offener und ehrlicher Dialog ist deshalb ein wichtiger Schlüssel zur erfolgreichen Karriereplanung – was übrigens für alle Generationen gilt. Je älter der Vorgesetzte, umso eher handelt er aus einem Rollenverständnis und aus Verhaltensmustern heraus, die den jüngeren Generationen nicht mehr angemessen erscheinen. Selbst mit den besten Absichten, seinen Mitarbeitern eine erfüllende und erfolgreiche Karriere zu bescheren, hat der Vorgesetzte möglicherweise eine andere Vorstellung davon, was Erfolg und Erfüllung bedeuten. Je größer der Altersunterschied zwischen den Beteiligten, desto markanter kann dieser Unterschied ausfallen.

Geheimniskrämerei weckt Misstrauen

Aus diesem Grund wäre es zum Beispiel sinnvoll, Mitarbeiter wissen zu lassen, für welche Positionen sie in der Nachfolgeplanung berücksichtigt oder aufgestellt sind. Traditionell finden derartige Gespräche nur zwischen Personalverantwortlichen und Linienvorgesetzten hinter verschlossener Tür statt. Daraus resultierende Nachfolgepläne oder „Talent-Pools" werden als streng geheim eingestuft und unter Verschluss gehalten. Selten wissen Mitarbeiter, für welche Positionen sie zukünftig vorgesehen sind. Diese von Babyboomern erfundene Praxis honoriert das Prinzip von Wissensvorsprung für einen ausgewählten Kreis und hat die gute Absicht, diejenigen, die nicht in der Nachfolgeplanung für Schlüsselpositionen auftauchen, vor Entäuschung zu bewahren. Lieber sollen alle Mitarbeiter fleißig vor sich hin arbeiten, damit sie einmal auf dem Plan stehen *könnten*. Dass dieses Ziel jüngere Generationen nicht mehr motiviert, sondern im Gegenteil die fehlende Transparenz im Prozess Misstrauen schürt, sehen die wenigsten Entscheidungsträger ein.

Dass eine lineare Karriere für Ypsiloner kaum noch vorstellbar ist, erklärt sich schon dadurch, dass sie in einer Welt groß geworden sind, die sich ständig verändert. Einige von ihnen haben Fächer studiert, deren Inhalte sich bereits kurze Zeit später überholt haben, oder sind heute in Berufen tätig, die es zu Zeiten ihrer Ausbildung noch gar nicht gab. Von daher ist Karriereplanung für sie beinahe ein Widerspruch in sich. Generell haben Ypsiloner eine kritische Einstellung gegenüber klassischen Hierarchien, weshalb sich eine abwechslungsreiche Projektkarriere besonders zu Beginn der beruflichen Laufbahn am ehesten eignet, ihr Interesse zu wecken. In der Tat wollen immer weniger junge Menschen Führungsaufgaben übernehmen. Einst das Maß aller Dinge (Generation X lässt grüßen), schreckt die klassische Führungskarriere heute eher ab.

Ypsiloner – Karriereplanung à la carte

Selbst die von Xern so detailliert ausgearbeitete kompetenzorientierte Karriereplanung ist für Ypsiloner kaum attraktiv. Zwar sehen die Karrierepfade innerhalb verschiedener Kompetenz-Familien im Idealfall wie ein Gitternetz aus und bieten Flexibilität, jedoch wollen Ypsiloner keine Pfade, an die sie sich anpassen müssen. Vielmehr wünschen sie sich eine maßgeschneiderte individuelle Karriereplanung, die sich ausschließlich an ihnen und ihren persönlichen Zielen, Wünschen und Werten ausrichtet. Stets in dem Glauben, dass sie etwas Besonderes sind, und mit der Einstellung, dass sich alles personalisieren lässt, erwarten Ypsiloner das auch von ihrer beruflichen Laufbahn. Schließlich muss sie zu ihrem selbst gewählten Lebensmodell passen und nicht andersherum. Vor allem beim Timing bis zum nächsten Karriereschritt liegen die Einschätzungen oft weit auseinander und der Vorgesetzte sollte gute Argumente parat haben, warum er es für notwendig erachtet, dass ein Mitarbeiter eine gewisse Zeit in einer Rolle bleiben sollte, bevor er sich weiterentwickelt.

Ypsiloner brauchen Transparenz

Kommen wir noch einmal auf die oben erwähnte Transparenz zurück. Für Ypsiloner ist eine „geheime Nachfolgeplanung" geradezu eine Einladung, sich woanders nach Alternativen umzusehen. Anstatt ihnen derartig wichtige Informationen, die sie ganz konkret und persönlich betreffen, vorzuenthalten, können Arbeitgeber lieber damit punkten, gemeinsame Ziele im Dialog abzustecken und offen darüber zu reden, welche Positionen in welchem Zeitrahmen beide Seiten für realistisch halten. Das kommt dem Ypsiloner-Bedürfnis nach Feedback entgegen und eröffnet ihm die Möglichkeit, aktiv auf gesteckte Ziele hinzuarbeiten. Natürlich lässt sich argumentieren, dass diejenigen, deren Erwartungen an die eigene berufliche Laufbahn nicht mit der Potenzialanalyse des Arbeitgebers übereinstimmen, eventuell die Firma verlassen, wenn ihnen nicht die erhofften Versprechungen gemacht werden. Na und? Immerhin verliert man dann nur diejenigen, deren Potenzial begrenzt ist. Anderenfalls riskiert man, auch die Nachwuchstalente zu verlieren, für die das Unternehmen große Pläne hatte. Nur wussten die Betroffenen leider nichts davon.

Ypsiloner lieben den Austausch

Grundsätzlich reicht es Ypsilonern nicht, passiv Informationen zum Thema Karriere zu konsumieren. Sie wollen sich mit anderen austauschen und vertrauen zehnmal eher auf authentische Erfahrungsberichte als auf Hochglanzbroschüren oder aufwendige Online-Tools. Das ist zwar eine nette Spielerei, ersetzt aber nicht das Bedürfnis nach zwischenmenschlichen Beziehungen und sozialen Kontakten, die neben der Kommunikation auch eine Form der Wertschätzung beinhalten. Deshalb täten Arbeitgeber gut daran, anstatt Zeit und Geld in die Erstellung von

Präsentationen, Broschüren und Instrumenten zum Thema Karriereplanung zu investieren, ihren Y-Mitarbeitern lieber einen Rahmen zu geben, der Raum für einen direkten Austausch bietet. Das kann eine virtuelle Plattform zum Chatten sein, ein monatlicher „After-Work-Stammtisch" oder regelmäßige „Lunch & Learn"-Termine, an denen sich erfahrene und jüngere Mitarbeiter zusammensetzen und über Möglichkeiten der beruflichen Laufbahngestaltung sprechen.

Das letztlich verbindliche Wort hat ja ohnehin der Vorgesetzte. In regelmäßigen Mitarbeitergesprächen stellt er die nächsten Entwicklungsschritte in Aussicht und verabredet konkrete Maßnahmen zu ihrer Erreichung. Während der Babyboomer auf die Unterstützung seines Chefs hofft und der Xer vorsichtshalber lieber nicht damit rechnet, setzt der Ypsiloner sie quasi als Grundlage voraus, denn die Generation Y, die es gewohnt ist, von ihren Helikopter-Eltern rundum betreut und versorgt zu werden, erwartet von ihrem Arbeitgeber ein ähnliches Maß an Beistand und Ermutigung. Deshalb nimmt der Vorgesetzte als direkte Bezugsperson eine entscheidende Schlüsselrolle bei ihrer Karriereplanung ein. Alles, was er sagt – oder nicht sagt –, wird vom Y-Mitarbeiter entweder als positive Bestätigung oder als Desinteresse interpretiert und trägt somit entscheidend zu seiner Motivation bei.

Zler haben aufgrund ihres Alters noch relativ wenig Lebenserfahrung, weshalb Arbeitgeber nicht von ihnen erwarten sollten, dass sie konkrete Vorstellungen davon haben, wie ihre berufliche Laufbahn aussehen soll. Zwar mussten auch frühere Generationen irgendwann eine Entscheidung darüber treffen, allerdings hatten junge Menschen noch nie so viele Möglichkeiten wie heute. Für viele von ihnen ist die Vielzahl der Optionen verwirrend und beängstigend. Außerdem spüren Kinder und Jugendliche bereits früh den Druck, den Erwartungen ihrer Eltern zu entsprechen. Sucht man das Gespräch mit Zlern in der Phase ihrer Berufsfindung, eint sie das empfundene Überangebot an Möglichkeiten und der Leistungsanspruch, es „richtig machen"

Zler haben die Qual der Wahl

zu wollen. „Wohin führt mich das Leben?" titelte die Zeitschrift Neon in ihrer Ausgabe 07/2015. Der treffende Untertitel dazu: „Noch nie war die Antwort ungewisser."

Berufspraktika sind eine beliebte Form, sich frühzeitig zu orientieren, denn viele Zler wissen (noch) nicht, worin sie gut sind oder was sie eigentlich wollen. Arbeitgeber, die Zler möglichst frühzeitig für ihr Unternehmen interessieren wollen, sollten Praktika, Schnuppertage oder Ähnliches anbieten. Auf diese Weise vermitteln sie jungen Menschen in der Berufsfindungsphase einen realistischen Einblick in die jeweilige Branche, in eine bestimmte Tätigkeit und in den eigenen Betrieb. Die Chance, eine emotionale Bindung aufzubauen, ist dabei weit wichtiger als die Vermittlung von fachlichem Wissen. Seitdem zahlreiche E-Learning-Anbieter vermehrt kostenlose Online-Kurse zu den unterschiedlichsten Themen aus Informatik, Mathematik, Naturwissenschaften, Medizin sowie Wirtschafts- und Sozialwissenschaft anbieten und MOOCs („Massive Open Online Courses") diesen Trend verstärken, eröffnet sich der Generation Z eine ungeahnte Vielfalt, die eigene Laufbahn zu gestalten, und zwar unabhängig vom unmittelbaren Arbeitgeber. Dieser kann dann nur noch mit der Gefühls- und Erlebniswelt punkten, die er seinen Mitarbeitern bietet.

Zler sind auf der Suche Anstatt sie also mit dem frühzeitigen Schmieden von Karriereplänen zu überfordern, können Arbeitgeber Zlern dabei helfen, ihre eigenen Stärken und Schwächen zu erkennen und sich darauf vorzubereiten, damit eine berufliche Tätigkeit auszuüben, die sowohl Erfolg als auch Erfüllung verspricht. Es kommt darauf an, der Generation Z die Eigenverantwortung für ihre Bildungsbiografie und ihre Berufsbiografie zu übertragen und den Kompetenzerwerb möglichst rechtzeitig einzuleiten. Die Zeiten, in denen man als junger Mensch einen Beruf erlernen konnte, den man anschließend ein Leben lang ausgeübt hat, ohne dazulernen zu müssen, sind längst vorbei. Vielmehr ist es heutzutage angesagt, sich neues Wissen oder neue Fähigkeiten anzueignen und parallel zur Berufstätigkeit Fort- und Weiterbildung zu betreiben.

Ein wichtiger Schlüssel zum lebenslangen Lernen ist die Eigeninitiative. Auf eigene Faust zu entscheiden und zu handeln dürfte der Generation Z zwar nicht schwerfallen, doch lässt sich beobachten, dass sie Verantwortung grundsätzlich gerne anderen überlässt. Christian Scholz, Autor des Buches „Generation Z", weist zum Beispiel darauf hin, dass Zler zwar gerne Startups gründen wollen, dann aber „zwischen dem Wunsch und der Realisierung noch ein Unterschied liegt. Denn Freiberuflichkeit bedeutet viel Eigeninitiative und vor allem Verantwortung. Das bringt schon mal die ein oder andere schlaflose Nacht mit sich und wird deshalb von der Generation Z am Ende des Tages doch nicht so präferiert. Trotzdem gilt für die Generation Z: Start-up gerne, aber es sollte eher ein strukturiertes Gründungssystem sein, in einem kuscheligen Inkubator mit Rundumversorgung, Altersversorgung und Loft-Atmosphäre" (Wirtschaftswoche: http://green.wiwo.de/generation-z-chef-mach-mal-ohne-mich/).

Zler mögen's kuschelig

Die Arbeitswelt ist einem ständigen Wandel unterworfen, der sich immer schneller vollzieht. Berufstätige, egal welcher Generation, müssen entsprechend flexibel und lernfähig sein, um darauf reagieren zu können und um die sich wandelnden Qualifikationsanforderungen mit ihren eigenen Ansprüchen in Einklang zu bringen. Um diese Problemlösungskompetenz und das ständige Einstellen auf neue Situationen zu bewerkstelligen, sind eine autonome Handlungsführung, das Übertragen von Fertigkeiten von einem in den anderen Bereich sowie Selbstorganisation enorm wichtig geworden. Diese auch als „Learning Agility" bezeichnete Kompetenz ist eine, wenn nicht gar die wichtigste Qualifikation, die eine langfristige Karriere ermöglicht. Wer also die Generation Z dabei unterstützen möchte, sich frühzeitig der eigenen Karriereplanung zu widmen, stärkt sie am besten, indem er ihre Anpassungsfähigkeit und agile Leistungsfähigkeit fördert.

Personalentwicklung ist wichtig, aber nicht alles, denn auch Leistungsanreize wollen an die Generationen angepasst werden, um sie bestmöglich ans Unternehmen zu binden. Dieser Thematik widmen wir uns im nächsten Kapitel.

Zusammenfassung Karriereplanung

Die wichtigsten Inhalte der vorangegangenen Abschnitte fasst die folgende Tabelle zusammen:

Babyboomer	Generation X	Generation Y	Generation Z
▦ Laufbahnmodelle für ältere Beschäftigte sind ein Blind Spot vieler Arbeitgeber.	▦ Strukturierte, kompetenzorientierte Karriereplanung erfüllt ihren Zweck.	▦ Abwechslungsreiche Projektkarrieren wecken Interesse, Führungskarrieren schrecken eher ab.	▦ Aufgrund geringer Lebenserfahrung fehlen konkrete Vorstellungen von ihrer Karriere.
▦ Maßnahmen zur emotionalen Mitarbeiterbindung sind ausschlaggebend für nachhaltige Motivation und Leistungsbereitschaft.	▦ Realistische Meilensteine und kleine Etappenziele motivieren langfristig durch häppchenweise Bestätigung.	▦ Sie wollen maßgeschneiderte individuelle Karriereplanung, die sich an persönlichen Wünschen und Werten ausrichtet.	▦ Arbeitgeber punkten zunehmend mit Gefühls- und Erlebniswelten, Laufbahn kann zunehmend selbst gestaltet werden.
▦ aktive Einbeziehung in die Personalentwicklung, zum Beispiel als Coach oder Mentor	▦ mögen nicht in einen „idealen" Karriereplan gedrängt werden	▦ Laufbahn muss zum selbst gewählten Lebensmodell passen und nicht andersherum	▦ müssen lernen, Eigenverantwortung für ihre Berufs- und Bildungsbiografie zu übernehmen
▦ Gezielte und gut durchdachte Altersteilzeitprogramme sind besser als Frührente.	▦ Transparente Nachfolgeplanung und offene Dialoge helfen, Frust zu vermeiden.	▦ Transparenz und Raum für direkten Austausch und Erfahrungsberichte sind entscheidend.	▦ Arbeitgeber sollten beim Kompetenzerwerb und der Stärkenorientierung helfen.
▦ frühzeitiger Dialog, sensible Gesprächsführung, ausreichende Vorbereitung und Übergangzeit	▦ selbstbestimmte Karriereplanung statt Anlegen von ausgedienten Maßstäben für Erfolg und Erfüllung	▦ Vorgesetzter nimmt als Bezugsperson eine entscheidende Schlüsselrolle ein; Zeitrahmen muss nachvollziehbar sein	▦ Anpassungsfähigkeit und „Learning Agility" sowie Eigeninitiative als Grundlage für lebenslanges Lernen

Praxisseite

Wie sieht es mit der Personalentwicklung in Ihrem Unternehmen aus: Findet in diesem Bereich eine generationsspezifische Zielgruppensegmentierung statt?

_____

_____

_____

_____

Wie könnte den Lernpräferenzen der vier Generationen in Ihrem Unternehmen besser entsprochen werden?

_____

_____

_____

_____

Welche Maßnahmen könnten für Babyboomer, Xer, Ypsiloner und Zler eingeführt oder ausgebaut werden, um die Personalentwicklung noch effektiver zu gestalten?

_____

_____

_____

_____

Wie könnte die interne Karriereplanung generationsspezifisch angepasst werden?

_____

_____

_____

_____

Mit wem möchten Sie diese Thematik gezielt ansprechen, um Veränderungen anzustoßen? Wer könnte Ihnen bei der Umsetzung helfen?

_____

_____

_____

_____

Für Ihre Notizen:

_____

_____

_____

_____

_____

_____

Leistungsanreize

5

Abschließend wollen wir uns noch ansehen, welche Maßnahmen die verschiedenen Generationen zu Höchstleistungen animieren können. Das klassische Leistungsmanagement („Performance-Management") im Sinne traditioneller Human-Resources-Prozesse hat ausgedient. Unternehmen, die sich noch darauf verlassen, dass ein jährliches Zielvereinbarungsgespräch und die darauf folgende Leistungsbeurteilung alle Arbeitnehmer nachhaltig motivieren, haben im Wandel der Zeit den Anschluss verpasst. Für welche Generationen dieser Prozess noch funktioniert und wie sinnvolles Leistungsmanagement für andere Generationen aussehen kann, erläutert dieses Kapitel. Dabei betrachten wir Belohnung und Anerkennung mittels Feedback ebenso wie (finanzielle) Vergünstigungen oder den Aspekt der Arbeitsplatzsicherheit. Auch dem Thema Arbeitsorganisation wollen wir einen Abschnitt widmen, denn hier gibt es ebenfalls unterschiedliche Herangehensweisen, die sich eignen, verschiedene Generationen anzusprechen und das eigene Unternehmen als attraktiven Arbeitgeber zu positionieren.

Ob Arbeitsplatzgestaltung, Technologie oder Work-Life-Balance – wir verdeutlichen, welche Arbeitsmodelle die Generationen ansprechen und dazu beitragen, sie langfristig zu halten. Dass das Thema Beschäftigungsende unter der Überschrift „Leistungsanreize" zu finden ist, mag überraschen, schließlich geht es um das Ende des Beschäftigungsverhältnisses, egal ob durch Eintritt in die Altersrente, Kündigung oder Entlassung. Wie man als Arbeitgeber aber sogar den Austritt aus dem Mitarbeiterzyklus motivierend gestaltet und warum das den Aufwand wert ist, erklärt der letzte Abschnitt in diesem Kapitel.

5.1 Performance-Management

Der Erfolg eines Unternehmens hängt nicht allein von Strategie ab, sondern vor allem von ihrer Umsetzung. Klassisches Performance-Management ist ein systematischer Prozess, der sich an der Firmenstrategie ausrichtet und sicherstellen soll, dass ein Unternehmen seine strategischen Ziele erreicht und die Mitarbeiter entsprechend ihren Leistungen belohnt. Dabei werden in der Regel Qualitäts- und Ertragsziele kaskadenartig heruntergebrochen und auf einzelne Unternehmensbereiche und Positionen beziehungsweise auf die jeweiligen Stelleninhaber verteilt. In regelmäßigen Mitarbeitergesprächen werden Zielvereinbarungen getroffen und periodisch überprüft. Der Erfüllungsgrad, die Qualität und Menge der individuellen Mitarbeiterleistung werden gemessen, bewertet und hoffentlich leistungsgerecht honoriert. Für gewöhnlich umfasst ein Performance-Management-Zyklus ein Kalenderjahr. Richtig eingesetzt, kann diese Form des Leistungsmanagements die Wettbewerbsfähigkeit einer Organisation steigern. Zusätzlich gibt es noch eine Reihe weiterer Maßnahmen und Handlungsweisen, die Leistungsanreize für Mitarbeiter sein können. Unterschiedliche Generationen bevorzugen mitunter verschiedene Formen von Belohnung und Anerkennung. Für den einen ist Arbeitsplatzsicherheit ein wichtiges Kriterium, um dauerhaft leistungsstark zu sein, ein anderer findet in kontinuierlichem Feedback eine Quelle der Motivation. Natürlich spielen auch finanzielle Vergütung und Zusatzleistungen eine Rolle.

Der traditionelle Performance-Management-Zyklus funktioniert für Babyboomer vor allem aus drei Gründen. Erstens: Die klassische Zielvereinbarung und ihre periodischen Überprüfungen innerhalb eines Kalenderjahres entsprechen klaren Strukturen und einem nachvollziehbaren Zeitrahmen. Zweitens: Die Ziele werden innerhalb der Organisation hierarchisch von oben nach unten vorgegeben und als solche respektiert. Drittens: Auch die Leistungsbewertung folgt einer klaren „Top-down"-Mentalität, an der man sich orientieren kann. Schließlich kommen nur die besten Leistungsträger beruflich voran. Babyboomer fühlen sich von gegenseitigem Wettbewerb zwar nicht unbedingt positiv motiviert, lassen sich aber dennoch dadurch zu mehr Leistung anspornen. Sie arbeiten hart, fleißig und gewissenhaft, damit ihre Ergebnisse im Performance-Management-Prozess bestehen und den an sie gestellten Erwartungen entsprechen.

Babyboomer akzeptieren Top-down-Prozesse

In Bezug auf Arbeitsplatzsicherheit sind Babyboomer geteilter Meinung. Für manche von ihnen ist diese Gewissheit wichtig, denn sie stehen kurz vor dem Eintritt ins Rentenalter und können oder wollen sich keinen Austritt oder Arbeitsplatzwechsel mehr leisten. Für andere wiederum ist die Aussicht auf eine frühzeitige Verrentung kein Grund zur Panik. Ausschlaggebend für die individuelle Haltung zur Arbeitsplatzsicherheit ist vermutlich die wirtschaftliche Situation jedes Einzelnen. Unbestritten ist jedoch, dass ein garantiert sicherer Arbeitsplatz noch einmal verborgene Energiereserven und persönlichen Ehrgeiz aktivieren kann, um eventuell gesteckte Ziele in den verbleibenden Berufsjahren noch zu erreichen. Arbeitgeber sollten ihren Babyboomer-Mitarbeitern deshalb unbedingt kommunizieren, wenn sie ihnen Arbeitsplatzsicherheit garantieren können, um somit die Leistungsbereitschaft dieser erfahrenen Belegschaft bis zum Ende auszuschöpfen.

Arbeitsplatzsicherheit aktiviert Motivationsreserven

Die Belohnung und Anerkennung von bereits erbrachter Arbeit ist allerdings mindestens ebenso wichtig als Anreiz, weiterhin leistungsstark zu agieren. Traditionell erfolgt diesbezügliche Wertschätzung in Form von finanzieller Vergütung, also der Bereitstellung monetärer Entgelte für Arbeitnehmer und anderweitiger Zusatzleistungen rund um das Arbeitsverhältnis. Babyboomer haben im Laufe ihrer Erwerbsbiografie die Transformation von einfachen Lohn- und Gehaltszahlungen zu komplexen Vergütungsmodellen miterlebt. Genau genommen haben sie sie zum Teil mitentwickelt und dabei Maßstäbe gesetzt, die ihren eigenen Werten entsprechen. So werden zum Beispiel in einigen traditionellen Modellen das Alter des Mitarbeiters und/oder seine Beschäftigungsdauer – unabhängig von der tatsächlich erbrachten Leistung – honoriert. Status, Titel und hierarchischer Aufstieg sind beliebte und begehrte Anerkennungsmechanismen für Babyboomer.

Auch Zusatzleistungen orientierten sich zunächst an diesen Maßstäben und basierten auf langfristiger Planbarkeit, wirtschaftlicher Stabilität und dem Vertrauen in Institutionen. Oft waren sie monetärer Natur wie vermögenswirksame Leistungen, Bausparverträge oder die betriebliche Altersvorsorge. Besonders wenn bestehende Verträge bereits eine längere Laufzeit haben, sind diese Zusatzleistungen immer noch ein Anreiz für Babyboomer-Mitarbeiter, um ihre finanzielle Sicherheit im Rentenalter zu gewährleisten. Eine modernere Variante attraktiver Vergünstigungen für diese Generation sind zum Beispiel entgeltliche oder unentgeltliche Zuwendungen rund um die Gesundheitsvorsorge. Grundsätzlich sind Vergütung und Entlohnung für Babyboomer nicht nur eine Form der Wertschätzung, sondern auch ein Anspruch auf Sicherheit, die sie sich im Laufe ihres Berufslebens verdient haben. Als loyale Arbeitnehmer sind sie gewillt, im Gegenzug ihren Beitrag zu leisten.

Eine andere Art der Anerkennung ist Lob in Form von Feedback und Bestätigung. Diese für jüngere Generationen immens wichtige Art der Wertschätzung spielt für Babyboomer allerdings nur eine untergeordnete Rolle. Von Traditionalisten aufgezogen, operieren sie nach dem Motto „Nicht geschimpft ist Lob genug". Dementsprechend sind sie es weder gewohnt, regelmäßig Feedback zu geben, noch, welches zu erhalten. Die jährlich strukturiert stattfindenden Mitarbeitergespräche sind für sie ein ausreichender Anlass, sich mit dem Vorgesetzten auseinanderzusetzen. Babyboomer-Mitarbeiter mit Lob zu mehr Leistung zu motivieren, kann jedoch gelingen, wenn die Bestätigung von hierarchisch höhergestellten Organisationsebenen kommt, denn dieser Unterstützung wird eine besondere Bedeutung zugemessen. Je persönlicher die Wertschätzung übermittelt wird, umso bedeutsamer und wirkungsvoller ist sie für den Babyboomer.

Xer haben früh gelernt, Leistung gegen Belohnung zu erbringen. Im Gegensatz zu ihren Vorgängern wurde das Vertrauen der Generation X in Stabilität und Institutionen bereits in den prägenden Jahren erschüttert. Stattdessen zeichnen sie sich durch Skepsis und Autonomie aus. Vor dem Hintergrund wirtschaftlicher Unsicherheit in den 1980er-Jahren und ohne spürbaren Rückhalt in zerfallenden Familien und politischen Strukturen wurden Xer schnell erwachsen und lernten, sich um sich selbst zu kümmern. „Und was springt für mich dabei raus?" ist eine Frage, die sie sich – bewusst oder unbewusst – stellen, wenn etwas von ihnen gefordert wird. Damals wussten sich ihre Babyboomer-Vorgesetzten und die noch berufstätigen Traditionalisten nicht anders zu helfen, als junge Menschen mit der einzigen Motivationswährung anzuspornen, die seinerzeit bekannt war: der D-Mark.

Generation X – wie du mir, so ich dir

Um diese monetäre Belohnung gerecht und sinnvoll verteilen zu können, ersonnen Arbeitgeber das heute noch vielerorts praktizierte traditionelle Performance-Management. Speziell für Xer entwickelt, funktioniert dieses System auch heute noch für diese Generation, die in einer Arbeitswelt groß wurde, in der (nur) Leistung zählt. Individuelle Zielvereinbarungen kommen ihrer autonomen Arbeitsweise entgegen, Skepsis und Misstrauen versuchen Vorgesetzte mit detaillierten Zielvorgaben im Zaum zu halten, die Klarheit schaffen und wenig Raum für Interpretation lassen. Definierte Ziele werden erreicht oder eben nicht, Vereinbarungen werden schriftlich festgehalten, früher per Aktennotiz, heute auch elektronisch. Auf jeden Fall bedeutet Leistungsmanagement für Xer einen Austausch von Geben und Nehmen, der gemessen und dokumentiert werden kann. Kurz gesagt: Im Gegenzug für erbrachte Leistung ist eine vorher festgelegte Belohnung fällig.

Xer erwarten monetäre Belohnung

Für Xer ist Belohnung neben dem hierarchischen Aufstieg in der Organisation in erster Linie monetärer Natur, denn so haben sie es zu Beginn ihrer beruflichen Laufbahn kennen- und schätzen gelernt. Dabei wurden über die Jahre hinweg verschiedenste Vergütungsmodelle von Xern für ihre eigene Generation entwickelt, oftmals kreativ und komplex, immer pragmatisch und zielgerichtet, denn die klare Absicht lautet: Leistungsmaximierung. Dabei gibt es zusätzlich zur Grundvergütung diverse Varianten von Zulagen, Zuschlägen, Boni, Sondervergütungen, Gewinnanteilen, Belegschaftsaktien oder Aktienbezugsrechten, aber auch nichtmonetäre Anreize wie Sachbezüge oder geldwerte Zusatzleistungen. All das kommt Xern auch heute noch entgegen, da sie sich in einer Lebensphase befinden, in der sie zahlreiche finanzielle Verpflichtungen haben und Verantwortung tragen, zum Beispiel für Hypotheken, die Ausbildung ihrer Kinder oder die Pflege älterer Angehöriger.

Xer schätzen Wettbewerb

Vor allem die Möglichkeit der variablen Vergütung in Form von Prämienmodellen funktioniert für die eher wettbewerbsorientierte Generation X. Wer besonders viel Einsatz zeigt und dadurch mehr Leistung erbringt als andere, sollte in ihren Augen dafür belohnt werden. Wiederum zeigen sich ihr Unabhängigkeitsstreben und die Tendenz, „für sich selbst zu sorgen". Arbeitgeber, die Teamfaktoren im Rahmen ihres Performance-Management-Prozesses einführen wollen, sodass beim Bemessen der erreichten Ziele nicht nur individuelle Ergebnisse, sondern auch die des gesamten Teams bewertet werden, stoßen mitunter auf skeptischen Widerstand bei Xern. Ähnliches gilt in puncto Arbeitsplatzsicherheit: grundsätzlich ein wichtiges Thema für die Generation X aufgrund ihrer Lebensphase und der damit einhergehenden Verpflichtungen. Dennoch stehen sie einem solchen Versprechen skeptisch gegenüber. Selbst bei entsprechender Kommunikation durch den Arbeitgeber ist die Motivationswirkung als Leistungsanreiz dieser Zusicherung beschränkt. Zu dominant ist ihre generationsspezifische Prägung in Erwartung eines potenziellen Versagens der zuständigen Instanzen.

Für die Generation X ist Lob und Anerkennung ihrer Arbeitsleistung also weitgehend gleichbedeutend mit einer höheren Lohnzahlung, zusätzlichen Vergünstigungen oder einer Beförderung. Zuspruch in Form von positivem Feedback oder persönlicher Wertschätzung ist ihnen fremd, denn damit waren ihre Traditionalisten- beziehungsweise Babyboomer-Vorgesetzten eher sparsam. Als Xer, die Autonomie und Selbstbestimmung schätzen, war das auch nie ein Problem für sie. Im Gegenteil: Zu viel Zuwendung und Feedback wirkt auf Xer schnell unecht oder sie deuten es womöglich als Kontrolle, Einmischung und implizite Kritik an ihrem Verhalten. Dementsprechend kann Lob als Leistungsanreiz für diese Generation durchaus sparsam eingesetzt werden und wirkt dann umso eindrucksvoller. Gleichzeitig bedeutet das, dass Xer nicht unbedingt von sich aus auf die Idee kommen, anderen gegenüber viel Wertschätzung und Anerkennung zum Ausdruck zu bringen.

Die Ypsiloner, die als Generation eine vollkommen andere Prägung erfahren haben, können dagegen mit der traditionellen Herangehensweise ans Performance-Management nicht viel anfangen, denn innerhalb eines institutionalisierten Prozesses bleibt wenig Freiraum für Innovation und aktive Mitgestaltung. Für eine Generation, die auf Augenhöhe kommuniziert und klassische Hierarchien ablehnt, ist das kaskadenförmige Herunterbrechen von Zielen innerhalb der Organisation kein Ansporn zur Leistung. Vielmehr möchten sie bei der gemeinsamen Zielfindung eingebunden sein. Auch erwarten sie, für erbrach-

**Generation Y –
Einsatz zählt,
nicht nur
Ergebnisse**

ten Einsatz belohnt zu werden und nicht nur für tatsächlich erzielte Ergebnisse. Schließlich haben sie früh gelernt: „Dabei sein ist alles", und jeder, der mitmacht, ist ein Gewinner. Sollten Ziele innerhalb der gesetzten Frist nicht erreicht werden, gibt es dafür sicherlich eine Erklärung und Gründe, die jenseits ihrer Einflussnahme liegen. Auch das wurde ihnen von klein auf vermittelt, da ihre gut meinenden Eltern mit aller Macht verhinderten, ihr Kind dem unguten Gefühl von Scheitern oder Versagen auszusetzen.

Ypsiloner denken bis zum nächsten iPhone Auch die langfristige Planbarkeit eines auf Kalenderjahren basierenden Systems wurde inzwischen vom beschleunigten Lebenstempo einer global vernetzten Welt ad absurdum geführt. Wenn das nächste Beurteilungsgespräch in weiterer Ferne liegt als die nächste Ausgabe des neuen iPhones, ist das ein Zeithorizont, der für einen Ypsiloner kaum noch von Interesse ist, denn wer weiß schon, wo er sich bis dahin befindet? Jährliche Zielvereinbarungen und Belohnungsanreize sind somit beinahe wirkungslos und sollten durch regelmäßige, zeitnahe Beurteilungen ersetzt werden. Auch Arbeitsplatzsicherheit als Leistungsanreiz ist nur bedingt zielführend. Einerseits wünschen sich Ypsiloner zwar einen sicheren Arbeitsplatz, andererseits wollen sie sich nicht auf lange Sicht festlegen und sich lieber sämtliche Optionen offenhalten.

In Bezug auf Belohnung für ihren Einsatz wünschen sich Ypsiloner eine faire monetäre Entlohnung, jedoch stellt sie letztlich nur einen Hygienefaktor dar. Mit anderen Worten, eine gerechte Vergütung mag Unzufriedenheit verhindern, hat jedoch keine starke Wirkung auf die Motivation von Ypsilonern. Anders kann es mit Zusatzleistungen aussehen. Besonders größere Unternehmen versuchen gerne, Ypsiloner mit sogenannten „Total Reward Packages" zu begeistern. Das heißt, sie schnüren ein Gesamtpaket aus Vergütung, Zusatzleistungen, flexiblen Work-Life-Maßnahmen sowie Entwicklungs- und Kompetenzmanagement und wollen damit jungen Erwerbstätigen Karrieren im eigenen Hause schmackhaft machen.

Die Idee ist nicht schlecht, nur sollten diese Angebote statt „Total Reward Package" lieber „Total Lifestyle Package" heißen. Denn führt man sich vor Augen, wie die Generation Y groß geworden ist, erinnert man sich an ihre Helikopter-Eltern, die sie umsorgt und ihnen vieles abgenommen haben. Das „Hotel Mama" hat sich um Wäsche, Essen und Haushalt gekümmert, der Nachwuchs konnte sich größtenteils auf seine Freizeit konzentrieren. Wer es als Arbeitgeber schafft, ein ähnliches „Rundumsorglos-Paket" zu schnüren, kann seine Attraktivität Ypsilonern gegenüber steigern. Gesunde Snacks in einer Wohlfühl-Cafeteria, Gutscheine fürs Fitness-Studio, Kino oder die Reinigung, die Vermittlung von Kinderbetreuung, Haushaltshilfen oder Versicherungsberatung – alles, was hilft, den Alltag zu erleichtern, kommt bei der Generation Y gut an.

Ypsiloner mögen es rundum sorglos

Wer es gewohnt ist, stets für alles und jede Kleinigkeit Lob und Zuspruch zu erhalten, der ist verständlicherweise verwirrt, wenn dieses positive Feedback plötzlich ausbleibt. Ypsiloner wünschen sich Anerkennung für jede erledigte Aufgabe, denn sie haben von klein auf positive Bestätigung und Wertschätzung erfahren. Dieses ständige Bedürfnis nach Zuspruch zu bedienen mag Vorgesetzten anstrengend und unnötig erscheinen. Neben dem verbalen Lob gelten jedoch auch eine Reihe anderer Maßnahmen als wertschätzend und können besonders bei Ypsilonern zu mehr Leistung und Engagement führen: Vielseitige, kreative Entfaltungsmöglichkeiten, schnelle Aufstiegschancen und personalisierte Karrierewege mit viel Raum für Wachstum stehen dabei hoch im Kurs, aber auch die Delegation von Aufgaben, Befugnissen und Verantwortung wird als motivierendes Signal gesehen.

Ypsiloner brauchen Lob und Zuspruch

Zum Thema Leistungsmanagement für die Generation Z gibt es noch wenig Datenmaterial, daher lassen sich an dieser Stelle nur Vermutungen anstellen. Es scheint jedoch, als ob der traditionelle Performance-Management-Prozess auch für Zler nicht mehr angemessen ist. Was für Ypsiloner in Bezug auf starre Strukturen, fehlende Partizipation und zu lange Zeitrahmen

Leistungsmanagement Z steht für „Zukunft"

gilt, trifft ebenso auf Zler zu, deren Welt global, unbeständig, widersprüchlich und schnelllebig ist. Ihr Leistungsvermögen wird sich an diese Welt anpassen müssen, um darin bestehen zu können. Dementsprechend müssen auch Arbeitgeber zukünftig in der Lage sein, unter veränderten und sich immer weiter verändernden Rahmenbedingungen Leistung zu managen. Dabei können sie bereits jetzt beginnen, sich an der Generation Z zu orientieren.

Die Generation Z strebt nach Stabilität Ein sicherer Arbeitsplatz liegt bei Zlern hoch im Kurs, vermutlich nicht zuletzt, weil sie in ihren prägenden Jahren (also genau jetzt!) erleben, wie ihre Eltern und die gesamte Gesellschaft unter der andauernden Wirtschafts- und Finanzkrise leiden. Streiks, Umstrukturierungen, Sparmaßnahmen allerorts, anhaltende Diskussionen um die Stabilität des Euro, Altersarmut und Jugendarbeitslosigkeit in weiten Teilen Europas prägen die Berichterstattung in den Medien und somit auch die Generation Z. Von daher ist es nicht verwunderlich, wenn sich Schüler und Azubis einen Beruf wünschen, der Sicherheit bietet, Erfolg verspricht und Zukunft hat. Unternehmen, die zum Beispiel damit werben, dass Auszubildende und Lehrlinge garantiert übernommen werden, dürften es leichter haben, an junge Talente zu kommen, die ihrerseits nach einem Stückchen Stabilität in einer unberechenbaren Welt streben.

Zler wollen individuelle Belohnung Ein hohes Einkommen ist dagegen für weit weniger junge Menschen besonders wichtig. Zwar möchten auch sie fair und leistungsgerecht bezahlt werden, ob Geld jedoch zu mehr Leistung anspornt, lässt sich für Zler noch nicht belegen. Ähnlich wie ihre Xer-Eltern scheinen sie jedoch wieder vermehrt auf individuelle Belohnung zu setzen. Das heißt, es geht in erster Linie um sie selbst, nicht um das Team oder die Gemeinschaft. Zusatzleistungen sind auch der Generation Z willkommen, wobei kaum einer von ihnen den aktuellen Dschungel an Vergütungsmodellen und -optionen durchblickt. Eine klare Struktur und vernünftige Erklärungen beim Einstieg ins Berufsleben helfen Zlern, das System zu verstehen, in dem sie sich bewegen. Tatsache ist, dass viele junge Menschen sich vermehrt an ihre Eltern wenden, um sich von ihnen Rat und Orientierung zu holen, dabei sind gerade Zler offen dafür, selbst Verantwortung zu übernehmen, wenn sie entsprechend angeleitet werden.

Lob und Anerkennung hört fast jeder gern, doch gibt es bisher noch keine Hinweise, dass die Motivation von Zlern genauso stark von positiver Bestätigung abhängig ist wie die der Ypsiloner. Stattdessen erwarten Zler vor allem ehrliches und unmittelbares Feedback, denn Authentizität ist für sie extrem wichtig. Eine mögliche Interpretation dieses Wandels geht auf die unterschiedlichen Erziehungsstile der jeweiligen Elterngeneration zurück: Während die optimistischen Babyboomer ihren Ypsilon-Kindern beibrachten, sich selbst zu verwirklichen und ihre Träume zu leben, vermitteln pragmatische Xer-Eltern ihren Zler-Kindern ein anderes Weltbild. Die realistische Erwartungshaltung und praktische Herangehensweise der Generation Z wird ihren Arbeitgebern das zukünftige Performance-Management möglicherweise erleichtern.

Zusammenfassung Performance-Management

Die wichtigsten Inhalte der vorangegangenen Abschnitte fasst die folgende Tabelle zusammen:

	Babyboomer	Generation X	Generation Y	Generation Z
Leistungs- manage- ment	etablierte Prozesse im jährlichen Zyklus werden akzeptiert und erfüllen ihren Zweck	individuelle, klare Ziele; ein messbarer Austausch von Geben und Nehmen; zweckorientierter Prozess	gemeinsame Zielsetzung, Belohnung für Einsatz versus Ergebnis, zeitnahe Rückmeldung	großer Bedarf an Innovation, um eine komplexe, schnelllebige Realität widerzuspiegeln
Arbeits- platz- sicherheit	kann dazu motivieren, kurz vor Eintritt in die Altersrente einen „letzten Höhepunkt" zu erreichen	ist aufgrund der Lebensphase von Bedeutung, wird jedoch stets infrage gestellt	wird geschätzt, hält aber nicht davon ab, sich selbst alle Optionen offenzuhalten	steht hoch im Kurs und kann helfen, Zler fürs Unternehmen zu gewinnen
Finanzielle Vergütung	ist wichtig für die Altersvorsorge; verdient man sich durch Fleiß, Beschäftigungsdauer, Status und Aufstieg	extrem wichtig, vor allem zur Mitarbeiterbindung, kann aber auch als Fessel empfunden werden („goldene Handschellen")	ist ein wichtiger Hygienefaktor, um Frust zu vermeiden, fördert aber nicht zwangsläufig die Motivation	sollte fair und leistungsgerecht sein, liegt aber bei Anforderungen an den Beruf nur im Mittelfeld
Zusatz- leistun- gen	Anerkennung von Status und Dienstalter wird geschätzt, ebenso Leistungen, die Gesundheitsförderung und Altersvorsorge betreffen	Anerkennung in Form von mehr Verantwortung und Autonomie stehen hoch im Kurs; individuelle Vergünstigungen im Gegenzug für Leistung	kreative Gestaltung von maßgeschneiderten Total Lifestyle Packages; Entwicklung, schneller Aufstieg, persönliche Wertschätzung und Spaß an der Arbeit	besprechen Angebot häufig erst einmal mit den Eltern; hoher Bedarf an Erklärung und Beratung, was für Optionen es gibt und welche Vorteile sie haben
Feedback	sind es nicht gewohnt, Feedback zu geben oder zu erhalten; tun sich schwer mit Kritik für sich selbst und andere	äußern leichter Kritik als Komplimente; ein ständiges Bedürfnis nach Lob und Zuspruch erscheint ihnen absurd	brauchen positive Bestätigung und unmittelbare Belohnung wie die Luft zum Atmen, je mehr, desto besser	wünschen sich ehrliches, authentisches und realistisches Feedback; sind belastbarer, als man denkt

5.2 Arbeitsorganisation

Leistungsanreize werden allerdings nicht nur direkt über das betriebliche Performance-Management vermittelt, sondern auch indirekt über eine Vielzahl von Gegebenheiten und Standards am Arbeitsplatz. Dabei spielt die Gestaltung des unmittelbaren Umfelds eine ebenso große Rolle wie das Thema Flexibilität. In Bezug auf das Umfeld haben die Generationen in erster Linie unterschiedliche Auffassungen davon, wie der ideale Arbeitsplatz auszusehen hat, welchen sekundären Zweck er erfüllt (abgesehen davon, dass dort primär die Arbeit zu verrichten ist) und inwiefern sie seine Gestaltung beeinflussen wollen. Mit Flexibilität ist vor allem der zeitliche und räumliche Rahmen gemeint, wann und wo gearbeitet wird. Auch die Organisationsstruktur und Technologie haben einen Einfluss auf die Leistungsbereitschaft von Mitarbeitern, und wie so oft haben die vier verschiedenen Generationen auch hier unterschiedliche Ansprüche und Präferenzen. Das Gleiche gilt für den Bereich der Work-Life-Balance, die zwar flexible Arbeitsmodelle beinhaltet, aber dort noch lange nicht aufhört. Als Personalverantwortlicher, Vorgesetzter oder Führungskraft lohnt es sich durchaus, sich diese Unterschiede bewusst zu machen, um die Mitarbeiter im Unternehmen bestmöglich und nachhaltig motivieren zu können. Im Folgenden wollen wir die oben genannten fünf Themenbereiche betrachten und überlegen, wie eine ideale Ausgestaltung für die vier Generationen aussehen könnte.

Hier geht es um das direkte Arbeitsumfeld, also die physische Umgebung, in der Beschäftigte ihre Arbeit verrichten, und den direkten Einfluss, den Mitarbeiter darauf nehmen können, wie dieses Umfeld aussieht. Selbstverständlich sind die Gestaltungsmöglichkeiten unter anderem davon abhängig, ob es sich beim Arbeitsplatz um ein Geschäftslokal mit Laufkundschaft, eine Werkstatt oder ein Büro handelt. Dennoch gibt es bestimmte Gemeinsamkeiten, die die Generationen in ihren Vorstellungen und Wünschen auszeichnen, und darauf wollen wir uns in diesem Abschnitt beziehen. Gleichzeitig ist der Wandel im

Arbeitsplatzgestaltung ...

Laufe der Zeit anhand von Beispielen der Büroumgebung besonders deutlich nachvollziehbar.

... für Babyboomer Babyboomer sind es zum Beispiel gewohnt, dass ihnen ein Arbeitsplatz zugewiesen wird, auf den sie selbst wenig Einfluss haben. Traditionell arbeiteten Kollegen zusammen in einem Raum, Kommunikationswege waren kurz und Zuständigkeiten klar definiert. Je nach Unternehmensgröße war das mitunter schon mal ein Großraumambiente. Der einzelne Mitarbeiter fügte sich ein, verrichtete gewissenhaft seine Arbeit und versuchte möglichst nicht aufzufallen. Erst mit zunehmendem Dienstalter und/oder Aufstieg in der Hierarchie wurde diese Loyalität mit einem eigenen Arbeitsraum honoriert, und wer ganz oben angekommen war, bekam mit Glück ein Eckbüro mit zwei Fenstern und einer persönlichen Sekretärin. Somit reflektierte der Arbeitsplatz vor allem auch Status und Position des Arbeitnehmers. Dieser Zweck war vielleicht sekundär, aber dennoch von Bedeutung, denn er war Teil der internen Belohnungsstrategie und ein Ausdruck von gefühlter Wertschätzung.

... für Xer Die Generation X dagegen, bestrebt, althergebrachte Traditionen aufzubrechen und ihren Drang nach Individualität auszuleben, führte vermehrt klassische Einzelbüros oder wenigstens Arbeitsnischen in Großraumbüros ein, damit sich jeder zumindest bedingt abgrenzen konnte. Dieses Verhalten war jedoch mehr territorial motiviert als ein Ausdruck von emotionaler Bindung an den Arbeitsplatz. Noch immer hatte der einzelne Mitarbeiter wenig Einfluss darauf, wie sein direktes Umfeld aussah, allerdings begannen Xer, ihr kleines, persönliches Territorium ansatzweise zu dekorieren, ohne dabei ihre Professionalität aufs Spiel zu setzen. Ein Familienporträt an der Wand oder eine für besondere Leistungen gewonnene Auszeichnung auf dem Schreibtisch sind typische Xer-Memorabilien. Der sekundäre Zweck wandelte sich somit von einem Ausdruck von Stellung und Status zu einem Ausdruck von Abgrenzung und Individualität.

Dieser Trend hat sich über die Jahre hinweg konsequent fort- ... für Ypsiloner
gesetzt, wobei mit dem vermehrten Auftreten von Ypsilonern
in der Arbeitswelt nicht mehr die Abgrenzung im Vordergrund
steht, sondern tatsächlich die emotionale Bindung an den Arbeitsplatz. Egal ob Einzelbüro oder moderne Open-Space-Ar-
chitektur, es findet sich kaum ein Y-Arbeitsplatz ohne Fotos von
Haustieren oder Sohnemanns gemalte Bilder an der Wand, Ur-
laubserinnerungen und Glücksbringer auf dem Schreibtisch.
Um einen für Ypsiloner ansprechenden Arbeitsplatz zu gestalten, muss aber vor allem eins optimiert werden: der Wohlfühl-
faktor. Während ältere Generationen von ihrem Arbeitsplatz
eine gewisse Ernsthaftigkeit und beinahe kühle Distanz erwarten, gleicht der ideale Generation-Y-Arbeitsplatz eher einem modernen Loft als einem traditionellen Büro. Eine offene Lounge-Atmosphäre, die zum Verweilen, Entspannen und
unkomplizierten Knüpfen von Kontakten einlädt, kreiert dieses gewisse „Starbucks-Feeling", das heimelige Gemütlich-
keit in vertrauter Umgebung mit dem Gefühl verbindet, unter
Freunden zu sein. Auch bunte, spielerische Gestaltungselemen-
te nehmen immer mehr zu, vor allem in Firmen und Start-ups,
die hauptsächlich Ypsiloner beschäftigen.

Ob Zler diesem von Unternehmen wie Google oder Apple per- ... für Zler
fektionierten Trend weiterhin folgen oder über kurz oder lang
ihre eigene Note in die Arbeitsplatzgestaltung einbringen,
bleibt abzuwarten. Deutlich wird zum einen, dass das digitale
Umfeld immer wichtiger wird, und zum anderen, dass immer
mehr Arbeitgeber ihre Beschäftigten an der Gestaltung ihrer
Arbeitsumgebung mitwirken lassen, was dem Partizipations-
prinzip jüngerer Generationen sehr entgegenkommt. Somit
steigen ihr Einfluss, ihre emotionale Bindung an den Arbeitsplatz und damit auch ihr Engagement. Interessant ist, dass
Ypsiloner und Zler durchaus mobil und flexibel sind und trotzdem einen persönlichen Arbeitsplatz bevorzugen. Von effi-
zienzorientierten Xern erfundene Modelle wie „Hotdesking",
bei dem verschiedene Mitarbeiter ein und denselben (mobilen)
Arbeitsplatz zu unterschiedlichen Zeiten nutzen, lehnen sie ab,

was Arbeitgeber nicht ärgern, sondern freuen sollte, ist es doch ein Ausdruck ihres Wunsches nach persönlicher Identifikation mit dem Arbeitsumfeld.

Flexibilität ... Das Thema Flexibilität ist deshalb interessant, weil sich jeder Mitarbeiter darüber freut und trotzdem ein Unterschied zwischen den Generationen besteht, wenn es um die zeitliche und räumliche Gestaltung von Arbeitsmodellen geht. Ob Flextime, Jobsharing oder Telearbeit, je nach persönlicher Situation des Arbeitnehmers bieten sich verschiedene Modelle an, aber auch generationsbedingte Präferenzen lassen sich ableiten. Unter Flextime verstehen wir an dieser Stelle die Gesamtheit verschiedener Arbeitszeitmodelle, die eine Abweichung von der starren Regelzeit Vollzeitbeschäftigter darstellt. Beim Jobsharing teilen sich zwei oder mehr Arbeitnehmer einen Arbeitsplatz und legen ihre jeweilige Arbeitszeit individuell fest. Als Telearbeit bezeichnen wir hier jegliche Form der Erwerbstätigkeit, die allein und räumlich außerhalb des normalen Geschäftsbetriebs erfolgt. Dabei ist es in diesem Zusammenhang egal, wo genau die Arbeit verrichtet wird. Wichtig ist, dass Telearbeits-Tätigkeiten meist mithilfe von modernen Informations- und Kommunikationstechniken erledigt werden.

... für Babyboomer Babyboomer freuen sich, genau wie alle anderen Mitarbeiter, wenn ihnen flexible Arbeitsmodelle angeboten werden, denn sie erleichtern jedem Beschäftigten, unabhängig von seiner Generationszugehörigkeit, die Organisation des Alltags. Der Unterschied besteht für Babyboomer darin, dass sie Flexibilität schätzen, sie aber nicht erwarten oder gar einfordern. Maßgeschneiderte Arbeitsmodelle sind ungewohnt für Babyboomer. In ihrer Arbeitswelt stehen Verpflichtung und Hingabe an erster Stelle, denn dafür wurden sie stets von ihren Vorgesetzten belohnt. Während Flextime-Optionen immerhin noch auf ihr Interesse stoßen, entspricht Telearbeit zum Beispiel weniger ihren typischen Präferenzen. Ihr Bedürfnis, im Team zu arbeiten, sehen sie mit Telearbeit nicht erfüllt und können sich kaum vorstellen, qualitativ gleichwertige Ergebnisse zu erzielen, wenn sie irgendwo allein vor sich hin arbeiten und dabei auch noch auf IT und Kommunikationstechnik angewiesen sind. Dafür tragen ihr vergleichsweise großes Verantwortungsbewusstsein und ihr kooperativer Stil dazu bei, dass Jobsharing funktionieren kann.

Xer dagegen haben kein großes Bedürfnis, sich ständig mit anderen auszutauschen, und sind überzeugt, auch allein gute Arbeit leisten zu können. Sie haben keine Scheu vor Technologie und arbeiten sich gerne darin ein, wenn es ihnen erlaubt, ihre Arbeit unabhängiger und selbstbestimmter zu organisieren. Tatsächlich haben Xer in ihrer aktuellen Lebensphase damit zu kämpfen, allen Verpflichtungen aus Privat- und Berufsleben nachzukommen und gleichzeitig ehrgeizige Karriereziele zu verfolgen. Für sie ist Flexibilität das A und O, ihr viel beschäftigtes Leben erfolgreich zu managen. Daher sind Arbeitgeber, die Flextime und Telearbeit anbieten, für die Generation X besonders attraktiv. Demgegenüber stehen ihre Skepsis und ihr generationstypisches Misstrauen in andere dem Arbeitsmodell Jobsharing eher im Weg. Sie sind tendenziell nicht davon überzeugt, dass eine Gruppe von Menschen einen Job besser erledigen kann als ein Einzelner mit klar definierter Verantwortung. Je höher und anspruchsvoller die Tätigkeit, desto weniger können sie sich vorstellen, dass dieses Modell Erfolg haben kann.

... für Xer

Während ältere Generationen Flexibilität begrüßen, wird sie von Ypsilonern geradezu gefordert. Sie wollen selbst enscheiden, wann und von wo sie arbeiten, denn sie haben absolutes Vertrauen in die moderne Technologie, die eine allumfasssende Flexibilität ermöglicht. Sie stellen infrage, welche Vorteile es haben soll, sich an starre Anwesenheitszeiten zu halten, wenn sie dieselbe Arbeit auch virtuell erledigen können. Zwar mögen Ypsiloner die persönliche Zusammenarbeit mit Kollegen, weshalb die institutionalisierte Telearbeit für sie wenig Reiz hat. Allerdings wünschen sie sich die Freiheit, selbst zu entscheiden, wann sie ins Büro kommen oder ob sie lieber abends, von unterwegs oder im Freibad arbeiten wollen. Für eine Generation, die

... für Ypsiloner

nach dem Lustprinzip groß geworden ist und sich selten festen Regeln unterwerfen musste, die nicht mittels Wutausbrüchen, Tränen oder hartnäckiger Fragerei verhandelbar waren, ist Flexibilität ein wichtiges Kriterium bei der Entscheidung für oder gegen einen Arbeitgeber. Ob Flextime, Jobsharing oder spontane Telearbeit – in ihren Augen sollte alles möglich sein.

... für Zler Die Generation Z hat noch wenig Erfahrung mit flexiblen Arbeitsmodellen und deshalb keine Präferenzen, die sich für die gesamte Generation belegen lassen. Aufgrund ihrer jugendlichen Lebensphase und geringer Berufserfahrung lässt sich allerdings vermuten, dass das Erlernen einer Tätigkeit für sie im Vordergrund steht, weshalb sie auf Kontakt zu erfahrenen Kollegen und Vorgesetzten angewiesen sind. Telearbeit scheint daher kein geeignetes Modell für sie zu sein. Flextime funktioniert dagegen je nach Tätigkeit und individueller Situation für beinahe jeden Arbeitnehmer, egal ob Zler oder nicht. Und Jobsharing kann zum Beispiel eine interessante Option sein, wenn junge Mitarbeiter dadurch verschiedene Unternehmensbereiche schneller durchlaufen und auf diese Weise mehr Abteilungen kennenlernen können. Obwohl das Konzept, eine Vollzeitstelle auf verschiedene Teilzeitrollen aufzuteilen, in der Theorie verlockend klingt, scheitert es in der Praxis leider meistens an Bürokratie und Verwaltungsaufwand.

Organisations-struktur ... Wie ein Unternehmen intern aufgestellt ist, kann ebenfalls merklich zur Motivation der Mitarbeiter beitragen und somit einen Leistungsanreiz darstellen. Komplexe (globale) Matrixstrukturen nehmen gerade in großen Firmen immer mehr zu. Sich darin erfolgreich zurechtzufinden erfordert Fingerspitzengefühl und politisches Geschick. Diplomatie und Stakeholder-Management sind nur einige der vielen Fähigkeiten, die dafür nötig sind. Die vier Generationen haben durch ihre Prägung unterschiedliche Grundvoraussetzungen und Präferenzen in diesen Bereichen, weshalb sie verschiedene Organisationsstrukturen bevorzugen.

Babyboomer begannen ihre berufliche Laufbahn in Organisationen, die größtenteils von ihrer Vorgängergeneration, den Traditionalisten, gegründet, aufgebaut und geleitet wurden. Zu den Grundwerten der Traditionalisten gehören Konformität, Gehorsam, Respekt vor Regeln und Autorität. Ihr Command-and-Control-Führungsstil ähnelte militärischer Ordnung und zeichnete sich durch klare Machtbefugnis innerhalb der hierarchischen Organisationsstruktur aus. Somit sind Babyboomer Hierarchien und klare Strukturen gewohnt und finden sich darin gut zurecht. Zwar bevorzugen sie für sich selbst einen demokratischen Führungsstil, haben aber kein Problem damit, sich unterzuordnen und höhergestellte Autorität zu akzeptieren. Im Gegenteil, sie finden es sogar vorteilhaft, wenn Zuständigkeiten und Befugnisse klar geregelt sind und kommuniziert werden, sodass sie sich daran orientieren können. Mit modernen Matrixstrukturen kommen sie insofern gut zurecht, als dass Diplomatie zu ihren Stärken zählt und die Erfahrung, die sie im Laufe ihres Berufslebens gesammelt haben, beim Stakeholder-Management hilfreich ist.

... für Babyboomer

Xer dagegen bevorzugen eine Unternehmensstruktur, die Freiraum und selbstbestimmtes Arbeiten ermöglicht – solange der eigene Aufstieg gewährleistet ist. Für sie sind Hierarchien hauptsächlich dazu da, die oberen Ebenen als Karriereziel ins Visier zu nehmen. Wenn man einmal dort angekommen ist, hat man es „geschafft". Bis dahin managen sie sich gerne selbst, brauchen wenig Führung und Kontrolle, denn sie nehmen die Dinge gern selbst in die Hand. Da Fingerspitzengefühl und Diplomatie nicht gerade zu ihren generationstypischen Stärken zählen und sie nicht viel Zeit mit aufwendigem Stakeholder-Management „verplempern", haben Xer nichts dagegen, komplexe Organisationsstrukturen zu vereinfachen. Allerdings fällt es ihnen nicht leicht, eigene Machtbefugnisse, die sie sich womöglich hart erarbeitet haben, abzugeben, sodass sie globale Matrixorganisationen wohl oder übel akzeptieren, wenn diese ihre eigene Stellung im Unternehmen zementieren.

... für Xer

... für Ypsiloner Ypsiloner wiederum sind größtenteils ohne klassische Hierarchien groß geworden. Zu Hause und in der Schule gab es zwar Eltern und Lehrer, die jedoch weniger Respektsperson als vielmehr „Wegbereiter" waren. Kinder wurden von klein auf dazu ermutigt, auf Augenhöhe zu agieren, sich mitzuteilen und mitzudiskutieren. Bis heute tun sich Ypsiloner darum schwer, Autorität zu akzeptieren und sich unterzuordnen. Sie fordern Erklärungen und stellen Arbeitsanweisungen infrage, was ältere Generationen schnell als Widerstand interpretieren. Für die Generation Y sind flache Hierarchien und direkte Kommunikationswege die Organisationsstruktur der Zukunft. Progressive Unternehmen gehen bereits jetzt so weit, sich selbst führende Teams ohne formelle Leitungspositionen einzusetzen. Auch wenn diese Konstellationen bisher mehrheitlich experimentellen Charakter haben, könnte man zukünftig – ähnlich wie bei Projektkarrieren – auch von Projektorganisationen sprechen, die sich immer wieder variabel an veränderte Bedingungen anpassen.

... für Zler Interessanterweise sehen Zler Vorteile darin, in klaren Strukturen zu operieren, und tun sich ersten Erkenntnissen nach weniger schwer mit Hierarchien im Unternehmen, solange sie trotzdem das Gefühl haben, ernst genommen zu werden. Sie wollen von kompetenten Vorgesetzten lernen und sehen Matrixorganisationen auch als Möglichkeit an, sich in verschiedenen Bereichen auszuprobieren und ihre Stärken und Interessen auszuloten. Komplett ohne Struktur fehlt es der Generation Z scheinbar an Orientierung. Zler wollen den Leistungserwartungen ihrer Eltern entsprechen und selbst etwas erreichen, und dafür brauchen sie Anleitung und Unterstützung. Während sich Ypsiloner von großen Firmen abwenden und immer öfter kleine und mittelständische Unternehmen als Arbeitgeber bevorzugen, hat die Generation Z diesbezüglich (noch) keine eindeutige Präferenz.

Technologie ... In diesem Zusammenhang soll Technologie als Wissen um die Informations- und Kommunikationstechnologie am Arbeitsplatz verstanden werden. Dazu gehören in erster Linie Computer und internetbasierte Technologie und Ausrüstung. Historisch betrachtet, haben die vier Generationen in der Arbeitswelt einen enormen Wandel erlebt: von der Schreibmaschine über die Computertastatur bis zum Touchpad, vom Festnetztelefon übers Handy bis zum Smartphone, vom Desktop-Computer über den Laptop bis hin zum Tablet, von Lochkarten über Disketten bis zu Speicherkarten, von Briefpost übers Fax bis hin zu E-Mail und neueren digitalen Medien, von der Cloud ganz zu schweigen. Ähnlich wie wenn man sich an seine erste kommerziell erworbene Popmusik erinnert und je nach Generationszugehörigkeit dabei an eine Schallplatte, Kassette, CD oder an einen heruntergeladenen iTunes-Song denkt, gibt es auch in Bezug auf die Technologie am Arbeitsplatz eine Welt, an die man nostalgisch zurückdenkt oder in der man sich zu Hause fühlt.

Babyboomer sind ihr halbes (Berufs-)Leben lang ohne moderne Informations- und Kommunikationstechnologie am Arbeitsplatz ausgekommen. Dennoch sind sie bemüht, sich Fähigkeiten im Umgang mit neuen Medien anzueignen. Manche tun das nur gezwungenermaßen, aber viele wollen auch einfach mithalten, wollen sich mit ihren Kindern und Enkeln vernetzen oder sind aufrichtig an Entwicklungen in diesem Bereich interessiert. Dennoch ist der Umgang für viele von ihnen nicht intuitiv und es kann ihnen schwerfallen, sich daran zu gewöhnen. Von jüngeren Generationen ist in diesem Zusammenhang Geduld und Verständnis gefordert. Anstatt ältere Kollegen als technikresistent abzustempeln, sollten sie sich bemühen, ihnen das digitale Zeitalter und vor allem seine Vorteile nahezubringen. Und wenn die Technik mal streikt, dann sind Babyboomer oft die Einzigen, die überhaupt noch manuelle Prozesse kennen und ausführen können.

... für Babyboomer

Interessanterweise haben auch viele Xer noch eine Arbeitswelt kennengelernt, die weitestgehend ohne moderne Informations- und Kommunikationstechnologie auskam. Dann gab es plötzlich Computer, E-Mail und Internet und die Generation X lernte relativ früh, damit umzugehen. Diese Tatsache kommt Xern

... für Xer

nun zugute, denn sie sind technik-affin, aber nicht technik-abhängig. Xer nehmen neue Anwendungen bereitwillig an, vor allem, wenn sie ihnen dabei helfen, ihr Leben erfolgreicher und effizienter zu managen. Im Gegensatz zu jüngeren Generationen haben viele Xer noch von der Pike auf gelernt, einen Computer zu bedienen. Da lernte man in der Schule, was ein RAM ist und Kommandozeilen für MS-DOS zu schreiben. Kurse für den richtigen Umgang mit Word und Excel lehrten, die Programme nicht nur irgendwie anzuwenden, sondern sie auch tatsächlich zu beherrschen.

... für Ypsiloner Die Generation Y dagegen ist mit Technologie weitgehend groß geworden und kann sich, wenn überhaupt, nur noch vage an eine Welt ohne Internet erinnern. Ypsiloner vertrauen sozialen Medien und virtuellen Netzwerken, sie unterhalten Freundschaften und Kontakte mit Gleichgesinnten auf der ganzen Welt und haben diese Form des Austausches und der gegenseitigen Wechselwirkung als höchst effiziente Vorgehensweise kennengelernt. Deshalb ist zeitgemäße Technologie am Arbeitsplatz ein wichtiges Kriterium für Ypsiloner. Sie erleichtert die Kommunikation, gewährleistet Produktivität und ermöglicht flexibles Arbeiten. Dabei haben Ypsiloner nicht den Anspruch, die Technologie tatsächlich zu verstehen. Sie wollen sie nur anwenden, und das lernen sie hauptsächlich nach dem „Learning by doing"-Prinzip.

... für Zler Zler setzen diesen Trend fort, denn der technologische Fortschritt macht auch vor ihrer Generation nicht halt. Diese Generation kann man wahrheitsgemäß als „Digital Natives" bezeichnen (übersetzt etwa „digitale Ureinwohner"). Selbst Kleinkinder bedienen heutzutage Tablets, Smartphones und Digitalkameras beinahe intuitiv und mit einer Selbstverständlichkeit, die ältere Generationen sprachlos macht. Sie haben keinerlei Berührungsängste mit jeglichen neuen Medien, denn Veränderung und Weiterentwicklung ist die einzige Technologie-Konstante, die sie kennen. Zler benutzen zunehmend mobile Endgeräte, verwenden manchmal mehrere Bildschirme gleichzeitig (Fernsehen, Smartphone, iPad), und während die einen argumentieren, dass diese Generation besser multitasken kann als jede andere, diagnostizieren die anderen mehr ADHS-Fälle als jemals zuvor. Tatsächlich liegt die durchschnittliche Aufmerksamkeitsspanne bei nur 8 Sekunden und manche Zler zeigen Entzugserscheinungen, wenn man ihnen den Zugriff auf digitale Medien verweigert. Eine wichtige Aufgabe älterer Generationen besteht deshalb darin, Jüngeren einen verantwortungsbewussten Umgang mit moderner Technologie zu zeigen.

Work-Life-Balance ...

An dieser Stelle möchten wir kurz auf das oft beschworene Thema der Work-Life-Balance eingehen. Hinter diesem Konzept steckt nämlich weit mehr als nur das Angebot flexibler Arbeitsmodelle, deren Eignung für die verschiedenen Generationen oben bereits beschrieben wurde. Unter Work-Life-Balance versteht man vielmehr die Ausgewogenheit von Berufs- und Privatleben und die Vereinbarkeit beider Bereiche. Wie genau dieser Einklang erzielt werden soll und wann er erreicht ist, ist subjektiv verschieden. Deshalb betont der Begriff „Work-Life-Balance" auch die Selbstbestimmung des Einzelnen. Ein ausgewogenes Leben der Beschäftigten ist auch für Arbeitgeber notwendig, denn nur ausgeglichene Mitarbeiter mit einem erfüllten Privatleben können auch beruflich ihr komplettes Leistungspotenzial ausschöpfen.

... für Babyboomer

Der Begriff der Work-Life-Balance wurde zu einer Zeit geprägt, als Babyboomer und Xer davon ausgingen, dass sich das Arbeits- vom Privatleben unterscheidet und beide Bereiche voneinander abgegrenzt betrachtet und in Einklang gebracht werden müssen. Deshalb ersonnen sie neben flexiblen Arbeitszeitmodellen auch vielfältige gesundheitsfördernde Angebote, mit denen Arbeitgeber ihre Mitarbeiter für mehr Leistung fit machen können: Kurse zum Thema „Work-Life-Balance", Anti-Burnout-Seminare oder betriebsinterne Sportgruppen. Durchdachte Konzepte zur Work-Life-Balance sorgen für ein gutes Betriebsklima, beugen Fehlzeiten und krankheitsbedingten Ausfällen vor, haben einen positiven Effekt auf die Arbeitgebermarke des

Unternehmens und steigern die Mitarbeiterbindung. Die bereitstehenden Ressourcen spielen hierbei ebenfalls eine wichtige Rolle. Dazu zählen neben dem zeitlichen Aspekt auch die finanziellen Mittel, die verfügbar sind, sowie die tatsächlich vorhandenen Entscheidungsspielräume. Das individuelle Wohlbefinden ist das Ziel der Work-Life-Balance.

... für Xer Dabei ist ein ausgeglichenes Leben zwischen Beruf und Freizeit ein dynamischer Prozess, denn die persönlichen Empfindungen für dieses Gleichgewicht unterliegen im Laufe des Lebens einem stetigen Wandel. Zum Beispiel ist die Vereinbarkeit von Familie und Beruf für Xer aufgrund ihrer Lebensphase ein besonders relevantes Thema. Ihre größte Sorge im Privatleben ist häufig das schlechte Gewissen, das sie permanent begleitet, weil sie glauben, ihren zahlreichen Verpflichtungen nicht gerecht zu werden. Ob Job, Partner oder Kinder – irgendwer scheint immer zu kurz zu kommen, von Zeit für Hobbys oder sich selbst ganz zu schweigen. Vor diesem Hintergrund hat Work-Life-Balance auch noch eine weitere Komponente für die Generation X, nämlich eine Art Seelenfrieden in der Gewissheit, für alle das Beste zu erreichen. Deshalb sind Zusatzleistungen rund um Kinderbetreuung, Pflege von Angehörigen oder Unterstützung im Alltag besonders interessante Maßnahmen, die es Xern erlauben, sich mit mehr Energie für den Job einzusetzen und dabei den Kopf frei zu haben.

... für Ypsiloner Die Generation Y wiederum führt das Konzept Work-Life-Balance sogar noch einen Schritt weiter und lebt uns quasi ein Work-Life-Blend vor (von engl. „blend" = Mischung/Gemisch). Sie leben nicht länger, um zu arbeiten, aber arbeiten auch nicht nur, um zu leben. Für sie ist der Job vielmehr eine sinnstiftende Erweiterung und ein natürlicher Bestandteil ihres Lebens. Ypsilonern geht Lebensqualität über alles. Anders als für andere Generationen, die möglicherweise Jobsicherheit, ein gehobenes Einkommen, Status, materiellen Besitz und eine vielversprechende Karriere zu den Voraussetzungen für eine hohe Lebensqualität zählen, legt die Generation Y deutlich mehr Wert auf persönliches Wohlbefinden, Freizeitaktivitäten und Zeit, um Beziehungen zu Freunden und Familie zu pflegen. Diese Bereiche tragen für sie deutlich zu einem erfüllten Leben bei. Somit hat sich das Arbeitsmodell dem individuellen Lebensentwurf anzupassen und nicht umgekehrt. Eine getrennte Betrachtung des einen ohne das andere ergibt in den Augen der Ypsiloner keinen Sinn.

Zler, die nach und nach ins Erwerbsleben eintreten, müssen für sich noch die zutreffende Work-Life-Balance-Philosophie finden. Immerhin haben sie diverse Vorgängergenerationen, von denen sie sich unterschiedliche Interpretationen und Schwerpunkte abgucken können. Man darf bereits jetzt davon ausgehen, dass sie ihre Wünsche zu gegebener Zeit selbstbewusst äußern und konsequent einfordern werden. Für Arbeitgeber wird es ausschlaggebend sein herauszufinden, welche Motive die Generation Z antreiben, ihr Privat- und Berufsleben in Einklang zu bringen, um dann entsprechende Maßnahmen zu entwickeln und anzubieten.

... für Zler

Zusammenfassung Arbeitsorganisation

Die wichtigsten Inhalte der vorangegangenen Abschnitte fasst die Tabelle auf den nächsten Seiten zusammen.

	Babyboomer	Generation X	Generation Y	Generation Z
Arbeitsplatzgestaltung	können sich mit moderner Gestaltung schwertun; der Arbeitsplatz reflektiert Status und Position und das berühmte Eckbüro ist noch immer eine begehrte Errungenschaft nach Jahren des Schuftens	haben den Wandel von Großraum zu Einzelbüros und zurück zu Open Space erlebt, sind offen für eine neue Arbeitsplatzgestaltung, solange sie sich individuell abgrenzen können	wollen einen modernen Arbeitsplatz mit Wohlfühlfaktor; Natürlichkeit, Offenheit und eine abwechslungsreiche Gestaltung sorgen für eine warme, entspannte Atmosphäre mit individueller Note	setzen aktuelle Trends fort; die digitale Umgebung gewinnt an Bedeutung, auch die Arbeit selbst und das menschliche Umfeld sind wichtiger als der räumliche Arbeitsplatz
Flexibilität	freuen sich über Flexibilität, aber erwarten oder fordern sie nicht; maßgeschneiderte Arbeitsmodelle sind ungewohnt; Verpflichtung und Hingabe stehen an erster Stelle	Flexibilität ist ein wichtiger Schlüssel, ihr Leben und damit auch ihre Karriere erfolgreich zu managen, und gehört deshalb ganz oben auf ihre Prioritätenliste	fordern absolute Flexibilität und Freiheit zu entscheiden, wann und von wo sie arbeiten wollen, vertrauen auf Technologie, diese Flexibilität zu ermöglichen	haben noch keine klare Präferenz, sind aber dank mobiler Kommunikation und zunehmender Wertschöpfung im Wissenszeitalter absolute Flexibilität gewohnt
Organisationsstruktur	sind Hierarchien und klare Strukturen gewohnt und akzeptieren Autorität, finden sich aber auch in modernen Matrixstrukturen dank diplomatischem Geschick und Stakeholder-Management gut zurecht	bevorzugen eine Struktur, die Freiraum und selbstbestimmtes Arbeiten ermöglicht, solange der eigene Aufstieg gewährleistet ist; vereinfachen Strukturen gern, vorausgesetzt, die eigene Machtbefugnis wird nicht beschnitten	sind ohne klassische Hierarchien groß geworden, agieren automatisch auf Augenhöhe und tun sich schwer damit, Autorität zu akzeptieren; flache Hierarchien und direkte Kommunikationswege sind für sie die Organisationsstruktur der Zukunft	mögen klare Strukturen, solange sie ernst genommen werden; wollen von kompetenten Vorgesetzten lernen und sehen Matrixorganisationen auch als Möglichkeit an, sich in verschiedenen Bereichen auszuprobieren

	Babyboomer	Generation X	Generation Y	Generation Z
Technologie	kennen die Arbeitswelt noch ohne moderne Technologie, sodass es ihnen schwerfallen kann, sich daran zu gewöhnen; die Mehrheit ist jedoch lernwillig und weiß vor allem auch noch, was zu tun ist, wenn die Technologie einmal streikt	sind Technik-affin, aber nicht Technik-abhängig; nehmen neue Technologien bereitwillig an, vor allem, wenn sie dabei helfen, effizienter zu sein; wenn Xer lernen, Technik zu verstehen, dann wollen sie sie auch beherrschen	sind Technikabhängig und nutzen Technologie, ohne sie wirklich zu verstehen; digitale Medien sind ein normaler Bestandteil ihrer Existenz, sie sind 24/7 mobil online und fühlen sich in der virtuellen Welt genauso zu Hause wie im echten Leben	diese Digital Natives haben keinerlei Berührungsängste mit neuen Medien und arbeiten zunehmend von mobilen Endgeräten aus; sie zeigen mitunter Entzugserscheinungen, wenn sie ohne Verbindung zur digitalen Welt auskommen müssen
Work-Life-Balance	gehen davon aus, dass Berufs- und Privatleben getrennte Lebensbereiche sind, die in Einklang gebracht werden müssen; vornehmliches Ziel dabei ist die nachhaltige Leistungsförderung vor allem mittels flexibler Arbeitszeit und gesundheitsfördernder Angebote	trennen Berufs- und Privatleben, haben aber beidem gegenüber ein schlechtes Gewissen, weil irgendetwas immer zu kurz kommt; die Vereinbarkeit von Familie und Beruf ist für Xer aufgrund ihrer Lebensphase ein besonders relevantes Thema der Work-Life-Balance	leben Work-Life-Blend, denn für sie ist der Job eine sinnstiftende Erweiterung ihres Lebens; Ypsilonern geht Lebensqualität in Form von persönlichem Wohlbefinden, Freizeitaktivitäten und Zeit für Beziehungen über alles	müssen ihre Work-Life-Balance-Philosophie erst noch finden, werden diese dann aber selbstbewusst äußern und konsequent einfordern; Arbeitgeber sollten bereits frühzeitig den Dialog suchen, um entsprechende Maßnahmen anbieten zu können

5.3 Beschäftigungsende

Genauso wie der „Lebenszyklus" aller Mitarbeiter mit dem Firmeneintritt beginnt, hört er für die Beschäftigten auf, wenn das Arbeitsverhältnis endet, sei es durch Kündigung, Entlassung oder Verrentung. In diesem Abschnitt spielt es keine Rolle, warum jemand das Unternehmen verlässt, solange der Arbeitgeber zumindest ein potenzielles Interesse an einer Weiterbeschäftigung hat. Selbst einer Entlassung kann eine betriebsbedingte Kündigung zugrunde liegen, die nicht zwangsläufig bedeutet, dass der Mitarbeiter nicht länger erwünscht ist. Solange ein affirmatives Interesse seitens des Arbeitgebers besteht, sollte auch ein Austritt aus dem Mitarbeiterzyklus so gestaltet sein, dass er zu einem positiven Erlebnis wird. Das ist deshalb von Bedeutung, weil die in Kapitel 1 beschriebene demografische Entwicklung und der sich weiter zuspitzende Mangel an (qualifizierten) Erwerbstätigen auf dem Arbeitsmarkt vermehrt dazu führen werden, dass Arbeitgeber und Arbeitnehmer womöglich mehr als einmal aufeinandertreffen. Szenarien dazu lassen sich viele spinnen, zum Teil sind sie jetzt schon Realität. Sei es der Rentner, der plötzlich noch einmal für bestimmte Projekte in Teilzeit zurückkommt, oder der High Potential, dessen Stelle einer Fusion zum Opfer fiel, der aber bei erstbester Gelegenheit zurück in die Firma geholt wird, oder die Mitarbeiterin, die das Unternehmen auf eigenen Wunsch verlassen hat, um sich vorübergehend anderen Prioritäten zu widmen, und dann später von sich aus zurückkommt, wenn sie bereit ist, ihre Karriere fortzusetzen. Für Arbeitgeber ist es an der Zeit umzudenken, sodass aus einem Beschäftigungsende kein „auf Nimmerwiedersehen" wird, sondern der Ansporn entsteht, einen talentierten Mitarbeiter unbedingt zurückzugewinnen und ihn dahin gehend zu motivieren, dass er seine Leistung weiterhin zum Wohle des eigenen Unternehmens erbringen will, statt langfristig bei der Konkurrenz zu landen. Mit einer Schilderung, wie das für die vier Generationen gelingen kann, kommen wir zum Ende unserer Betrachtungen.

Babyboomer verlassen das Unternehmen am häufigsten auf- Wenn
grund des Eintritts in die Altersrente. Während Arbeitgeber al- Babyboomer
lerdings davon ausgehen, dass ihre Mitarbeiter ihnen vollstän- gehen ...
dig bis zum gesetzlichen Renteneintrittsalter zur Verfügung
stehen, wünschen sich immer mehr ältere Arbeitnehmer, vor-
zeitig in den Ruhestand zu gehen oder zumindest die Arbeitszeit
in den letzten Arbeitsjahren zu reduzieren, um sich verstärkt für
ehrenamtliche Beschäftigungen und die Familie einzusetzen.
Die Menschen werden immer älter, bleiben aber im Schnitt länger gesund und wollen ihren Lebensabend genießen. Dennoch
sind sie bereit, weiterhin erwerbstätig zu sein, vorausgesetzt,
sie können die Arbeitszeit schon vorher stufenweise reduzieren.
Vor diesem Hintergrund sind Angebote zur Gestaltung von al-
tersgerechten Arbeitsplätzen, gesundheitsfördernden Maßnahmen und flexiblen Arbeitszeitmodellen für den Übergang in die
Rente für die Zielgruppe der Babyboomer besonders wichtig.

Wenn die geburtenstarken Jahrgänge in den kommenden Jahren vermehrt ins Rentenalter kommen, werden Gesellschaft
und Wirtschaft einen großen Umbruch erfahren. Arbeitgeber
können nicht länger an starren Konzepten festhalten, denn aufgrund des Fachkräftemangels wird es für Firmen immer wichtiger werden, Arbeitnehmer mit speziellen Fertigkeiten möglichst
lange zu halten, vielleicht sogar über das gesetzliche Rentenalter hinaus. Diesbezüglich werden Arbeitgeber kreativer werden und neue Übergangsmodelle entwickeln müssen. Ob Rentner in Teilzeit weiterbeschäftigt werden oder als selbstständige
Berater oder ehrenamtliche Mentoren weiterhin ins Geschehen involviert sind, hängt von der Unternehmenssituation und
natürlich von den Wünschen des einzelnen Arbeitnehmers ab.
Zukünftig wird es weit mehr maßgeschneiderte Konzepte und
individuelle Lösungen geben müssen.

Aber es gibt auch andere Gründe, Babyboomern, die bald in Babyboomer sind
Rente gehen werden, das Beschäftigungsende so angenehm und Multiplikatoren
positiv wie möglich zu gestalten, selbst wenn sie nicht weiterhin
aktiv zum Geschäft beitragen können oder wollen. Schließlich

sind sie nicht nur Arbeitnehmer, sondern auch Konsumenten und Multiplikatoren, die mitunter einen beachtlichen Einfluss in ihren Netzwerken haben. Ein Mitarbeiter, der sein Beschäftigungsende als enttäuschend oder frustrierend erlebt, wird anders über seinen ehemaligen Arbeitgeber denken und sprechen als jemand, der bis zum Ende hin engagiert und überzeugt war. In diesem Zusammenhang stehen Arbeitgebermarke und Ruf genauso auf dem Prüfstand wie Produkte und Dienstleistungen. Dieser Aspekt wird von Unternehmen noch weitläufig unterschätzt.

Dabei haben Babyboomer vor allem in einer Rolle Einfluss, und zwar als Eltern. Insbesondere Kinder der Generation Y haben in der Regel ein relativ enges Verhältnis zu ihren Eltern. Sie vertrauen in so ziemlich allen Lebensbereichen auf ihren Rat, sei es in Bezug auf Versicherungen, Haushaltsführung, Immobilien- oder Autokauf, Gesundheitstipps, Kindererziehung oder Geldanlagen. Fragen rund um den Beruf sind keine Ausnahme. Babyboomer, die ihren eigenen Kindern oder jungen Menschen in ihrem Bekanntenkreis bestimmte Branchen, Berufe und Arbeitgeber ans Herz legen, werden Gehör finden und tragen somit maßgeblich zu den Entscheidungen der Jüngeren bei. In einer Zeit, in der Unternehmen um jeden qualifizierten Bewerber kämpfen müssen, kann die Empfehlung eines zufriedenen Babyboomers im Ruhestand Gold wert sein. Auch deshalb lohnt es sich, Babyboomer bis zum Ende des Arbeitsverhältnisses und darüber hinaus als potenziellen Mehrwert fürs Unternehmen zu sehen.

Wenn Xer gehen ... Vertreter der Generation X verlassen Firmen aus den unterschiedlichsten Gründen, teilweise auf eigenen Wunsch, teilweise erzwungenermaßen aufgrund von Jobwechsel, Umzug, Familiengründung, Fusion, Restrukturierung, beruflicher Neuorientierung, dem eigenen Schritt in die Selbstständigkeit und so weiter. Wie eingangs erwähnt, geht es hier nicht um Kündigungen seitens des Arbeitgebers aufgrund mangelnder Leistung, sondern ausschließlich um die Fälle, in denen eine Weiterbeschäftigung wünschenswert wäre. Einen guten Xer zu verlieren schmerzt besonders, denn die Vertreter dieser Generation sind in der Regel auf dem Höhepunkt ihrer Leistungskurve. Sie sind gut ausgebildet, haben wertvolle Berufserfahrung gesammelt und das Unternehmen hat womöglich über einen längeren Zeitraum in sie investiert.

Um dieser Tatsache Rechnung zu tragen, setzen Arbeitgeber leider immer noch auf „goldene Handschellen", also auf Vergütungsmodelle, die den Arbeitnehmer regelrecht mit finanziellen Einbußen bestrafen, wenn er auf die Idee kommen sollte, das Unternehmen verlassen zu wollen. Für Xer, die aufgrund ihrer Lebensphase vermehrt finanzielle Verpflichtungen haben, ist das tatsächlich mitunter ein Grund zu bleiben. Was aber nützt ein Mitarbeiter, der eigentlich nicht mehr will, aber gezwungenermaßen im Job bleibt? Oder aber er verhandelt mit seinem neuen Arbeitgeber, dass dieser den entstehenden finanziellen Schaden auffängt. So oder so sind derartige Konzepte keine befriedigende Lösung für Unternehmen. Stattdessen sollte das vorrangige Ziel darin bestehen, den Xer-Mitarbeiter nachhaltig zu motivieren, sodass er leistungsstark und engagiert bleibt und gar nicht erst gehen will.

„Goldene Handschellen" sind kontraproduktiv

Je nachdem, aus welchem Grund das Beschäftigungsverhältnis endet, reagieren Arbeitgeber unterschiedlich. Nehmen wir einmal an, der Mitarbeiter kündigt, weil er woanders „einen besseren Job" angeboten bekommen hat. An dieser Stelle lohnt es sich immer, genauer nachzufragen, um die tatsächlichen Gründe zu erfahren. Selten liegt es nämlich einfach nur an mehr Geld. Vielleicht wurde ihm eine interessantere Tätigkeit angeboten, vielleicht eine verantwortungsvollere Position. Natürlich kann man selbst noch einmal überlegen, ob es gleichwertige Möglichkeiten nicht auch im eigenen Hause gibt, um das Angebot der Konkurrenz zu kontern. Eventuell können auch Zusatzleistungen oder Maßnahmen hinsichtlich einer besseren Work-Life-Balance helfen, den Mitarbeiter umzustimmen. Wenn das jedoch nicht der Fall ist, gilt es, keinen Groll zu hegen, sondern zu überlegen, ob und wie man die Arbeitskraft gegebenenfalls weiterhin zum Wohle des Unternehmens einsetzen kann.

„Dual-Career"-
Konzepte sind
sinnvoll für Xer Wechselt jemand zur Konkurrenz, sind die Möglichkeiten natürlich begrenzt, aber selbst dann besteht die Option, dass der Mitarbeiter früher oder später zurückkommt. Gleiches gilt, wenn jemand vorübergehend andere Prioritäten im Leben setzt (zum Beispiel Kinder, Reisen, ein weiterführendes Studium oder einfach eine Auszeit) oder seinem Partner zuliebe umzieht und deshalb den eigenen Job aufgibt. Dieser Fall wird in einer zunehmend globalen Welt, in der beide Partner berufstätig sind, immer häufiger vorkommen, weshalb es sich für Arbeitgeber lohnt, sogenannte „Dual Career"-Konzepte für die eigenen Mitarbeiter zu entwerfen. Vielleicht kann der Arbeitnehmer per Telearbeit weiterbeschäftigt oder an eine Filiale am neuen Wohnort vermittelt werden. Immerhin stehen seine Arbeitskraft und sein Wissen dann auch zukünftig zur Verfügung. Ähnliches gilt für Mitarbeiter, die den Schritt in die Selbstständigkeit wagen. Statt nachtragend zu sein, weil sie die Firma verlassen, kann man überlegen, ob sie als Dienstleister weiterhin einen wertvollen Beitrag zum Geschäftserfolg leisten können.

Wenn Ypsiloner
gehen ... Die gleichen Prinzipien gelten natürlich auch für Arbeitnehmer anderer Generationen. Betrachtet man jedoch speziell die Kohorte der Ypsiloner und warum ihr Beschäftigungsverhältnis endet, sind es vor allem entweder betriebsbedingte Kündigungen oder die Tatsache, dass der Job nicht ihren Erwartungen entspricht. Das wiederum kann viele Gründe haben, die es unbedingt im Exit-Interview herauszufinden gilt, um negative Trends zu erkennen und rechtzeitig gegenzusteuern. Die Ergebnisse aus diesen Gesprächen neutral auszuwerten und daraus gewonnene Erkenntnisse auch anzunehmen kann schmerzen, wenn man zum Beispiel einsehen muss, dass der eigene Führungsstil oder die Unternehmenskultur daran schuld sind, Mitarbeiter zu verlieren. Gleichzeitig werden nur die Firmen langfristig auf dem Arbeitsmarkt überleben, die sich seinen Anforderungen anpassen – auch wenn es wehtut.

Ob betriebsbedingte Kündigung oder des Mitarbeiters Wunsch nach Abwechslung – einen guten Arbeitnehmer zu verlieren ist ärgerlich. Dennoch ist es nicht das Ende der Welt. Anstatt den Jobwechsel als etwas Furchtbares zu betrachten, kann man auch als Arbeitgeber etwas Positives darin sehen: Auf diese Weise hat der Mitarbeiter die Chance, woanders etwas Neues zu lernen und dieses Wissen später einmal wieder mitzubringen, wenn er zurückkommt. Dass er das tut, ist zwar nicht garantiert, aber auch nicht ausgeschlossen. Tatsächlich sollte genau das zum erklärten Ziel der Personalarbeit werden: gute Leute, die der Organisation verloren gingen, zurückzuholen. Gegenüber dem enormen (Kosten-)Aufwand, ausschließlich neue Talente zu entdecken und diese fürs Unternehmen zu begeistern, haben ehemalige Mitarbeiter zwei unermessliche Vorteile: Wir kennen sie und sie kennen uns.

Dabei war es noch nie so einfach, mit ehemaligen Mitarbeitern in Kontakt zu bleiben und sie im Laufe ihrer Karriere zu „begleiten", ohne dass es eine Rolle spielt, ob diese Karriere intern oder extern stattfindet. Dank Online-Portalen wie Xing oder LinkedIn, auf denen fast jeder Arbeitnehmer früher oder später sein Profil veröffentlicht, können sich Personaler, aber auch Linienvorgesetzte mit ehemaligen Mitarbeitern vernetzen. Ein kostengünstigeres Personalmarketing kann es kaum geben. Geschickt genutzt, können diese Netzwerke schnell zu „passiven Talent-Pools" werden, denn man bleibt auf dem Laufenden, wie sich der ehemalige Mitarbeiter beruflich weiterentwickelt, kann sich zu Business-Themen austauschen und letztlich zukünftig auftretende Vakanzen gezielt anbieten. Dabei sollte man stets im Auge behalten, dass die betreffenden Personen auch als Multiplikatoren in ihren eigenen Netzwerken agieren, sodass die Reichweite mit zunehmender Vernetzung immens steigt.

Über Netzwerke mit Ypsilonern in Kontakt bleiben

Warum wird dieser Ansatz noch so selten praktiziert? Dazu lassen sich nur Vermutungen anstellen, aber vielleicht steht den Entscheidungsträgern einfach ihr eigener (verletzter) Stolz im Weg. Babyboomer könnten zum Beispiel ihren Wert der Loyalität verraten sehen, wenn ein Arbeitnehmer das Unternehmen freiwillig verlässt. Eine Wiederbeschäftigung zu einem späteren Zeitpunkt schließen sie quasi kategorisch aus, ohne die Vor- und Nachteile rational abzuwägen. Gerade unter jüngeren Generationen ist ein häufiger Jobwechsel jedoch keine Seltenheit. Sie möchten sich ausprobieren, verschiedene Arbeitgeber kennenlernen, um schließlich für sich und ihren selbst gewählten Lebensentwurf die beste Beschäftigung zu finden. Umso wichtiger ist es für Unternehmen, diese Wechsel mit einer robusten Nachfolgeplanung und gut gefüllten Kandidatenpools aufzufangen, aus denen bei Bedarf geschöpft werden kann.

Wenn Zler gehen ... Die Vertreter der Generation Z haben ihre berufliche Laufbahn gerade erst begonnen, somit ist das Thema Beschäftigungsende für diese Gruppe noch nicht allzu relevant. Wenn sie von sich aus gehen, dann vielleicht, weil sie sich im Unternehmen nicht wohlfühlen oder feststellen, dass sie für sich den falschen Beruf gewählt haben. Anderenfalls können sie vielleicht nach Abschluss der Ausbildung vom Betrieb nicht übernommen werden. Selbst in diesem Zusammenhang kann das Beschäftigungsende jedoch positiv gestaltet werden, denn Zler kommunizieren ausgiebig untereinander und tragen auf diese Weise entweder positiv oder negativ zur Arbeitgebermarke und deren Ruf unter Gleichaltrigen bei. Ihren Austritt als Chance zu sehen, erfordert vielleicht ein Umdenken seitens der Arbeitgeber, aber es lohnt sich, sich damit auseinanderzusetzen.

Mutige Arbeitgeber können sogar noch einen Schritt weiter gehen. Als der amerikanische Versandhändler Zappos 2008 „The Offer" einführte, war das eine kleine Revolution. Noch heute bietet Zappos Mitarbeitern eine „Kündigungsprämie" von 2000 US-Dollar, wenn sie sich entscheiden, die Firma zu verlassen. Inzwischen von Amazon aufgekauft, erhöht sich dieses Angebot sogar auf bis zu 5000 US-Dollar, je nach Beschäftigungsdauer. Als Grund für diese ungewöhnliche Praxis nennt Amazon-CEO Jeff Bezos das Ziel, Arbeitnehmern die Chance zu geben, sich darüber klar zu werden, was sie wirklich wollen. Jemand, der sich am Arbeitsplatz nicht wohlfühlt, der nicht ins Unternehmen passt und seinen Job nicht aus voller Überzeugung und deshalb weniger gut macht, soll mit diesem Geldbetrag dazu gebracht werden, den Austritt zu wählen. Im Vergleich zu Abfindungszahlungen für Entlassungen oder den versteckten Kosten, die unmotivierte Mitarbeiter verursachen, ist der Betrag vergleichsweise gering.

Natürlich muss nicht gleich jeder Arbeitgeber so weit gehen wie Zappos, aber auch andere kreative Ansätze können das Beschäftigungsende gerade für Zler zu einem positiven Erlebnis machen. Da sie erst am Anfang ihrer beruflichen Laufbahn stehen, könnte man sich beispielsweise überlegen, wie man ihnen helfen kann, die für sie richtige Richtung einzuschlagen, egal ob im eigenen Betrieb oder woanders. Diesbezüglich kommt jede Form der Hilfestellung in Bezug auf das Herausfinden eigener Stärken oder Lebensziele bei Zlern gut an. Gleichzeitig investiert das Unternehmen damit langfristig in ein Kandidatenprofil, das vielleicht später noch einmal von Interesse sein wird. Ja, vielleicht geht der Zler zwischenzeitlich zur Konkurrenz, aber die Chancen, dass er dort für immer bleibt, sind verschwindend gering. Umgekehrt kommen ja auch andere Talente von außerhalb in die eigenen Reihen.

Zler in ihrer Entwicklung unterstützen

Diese langfristige, ganzheitliche Perspektive anzunehmen und entsprechend in die Entwicklung junger Menschen zu investieren fällt vielen Arbeitgebern leider noch schwer. Zu sehr sind sie auf den eigenen, unmittelbaren Vorteil fokussiert und sehen die Kosten-Nutzen-Maximierung nur in direktem Zusammenhang mit den Beschäftigten auf der eigenen Gehaltsliste. Dass der Arbeitsmarkt, nicht zuletzt aufgrund demografischer Verschiebungen, einem generellen Wandel unterliegt, dürfte allerdings inzwischen bei jeder Personalabteilung angekommen sein. Ein bereits zu verzeichnender Anstieg befristeter Arbeitsverträge und Selbstständiger ist dabei nur die Spitze des Eisbergs. Brüche und Diskontinuitäten im Lebenslauf werden der Regelfall, freiberufliche Projekttätigkeit, temporäre Erwerbslosigkeit oder mehrere Jobs gleichzeitig – dies wird für die meisten Menschen in Zukunft zur täglichen Wirklichkeit. Nur wer sich dieser Realität stellt und anpasst, zum Beispiel durch eine sinnvolle Neuausrichtung bestimmter Aufgabenfelder mittels generationsspezifischer Zielgruppensegmentierung, wird langfristig die besten Arbeitnehmer für sich gewinnen, und zwar von Babyboomern bis zur Generation Z.

 Zusammenfassung Beschäftigungsende

Die wichtigsten Inhalte der vorangegangenen Abschnitte fasst die folgende Tabelle zusammen:

	Babyboomer	Generation X	Generation Y	Generation Z
Einsicht	wollen ihren Lebensabend genießen und deshalb nicht bis zur Rente Vollzeit arbeiten, sondern ihre Arbeitszeit in den letzten Arbeitsjahren reduzieren	Xer zu verlieren schmerzt besonders, denn sie sind in der Regel auf dem Höhepunkt ihrer Leistungskraft, haben Erfahrung und Wissen angehäuft	umfängliche Auswertung von Exit-Interviews kann helfen, negative Trends im Unternehmen zu erkennen und rechtzeitig gegenzusteuern	kommunizieren ausgiebig untereinander und tragen auf diese Weise entweder positiv oder negativ zur Arbeitgebermarke unter Gleichaltrigen bei
Umdenken	Eine „Ganz oder gar nicht"-Verrentung ist zu überdenken, denn Babyboomer sind bereit, weiterhin erwerbstätig zu sein, wenn sie die Arbeitszeit schon vorher stufenweise reduzieren können.	„Goldene Handschellen" haben ausgedient; sie vermeiden weder, dass Beschäftigte innerlich kündigen, noch, dass deren neue Arbeitgeber sie aus bestehenden Verträgen auslösen.	Ein Jobwechsel ist positiv, denn er bringt neue Impulse, neues Wissen und vertieft Branchenkenntnisse, die der Mitarbeiter später einmal wieder mitbringt, wenn er zurückkommt.	Statt junge Mitarbeiter um jeden Preis zu binden, können sie mittels „Kündigungsprämie" dazu animiert werden, sich bewusst für einen Arbeitgeber zu entscheiden.

	Babyboomer	Generation X	Generation Y	Generation Z
Maß-nahmen	▨ altersgerechte Arbeitsplätze gestalten ▨ gesundheits-fördernde Maßnahmen anbieten ▨ flexible Arbeitszeit-modelle ▨ kreative Über-gangsmodelle (Teilzeit, Bera-tertätigkeit, Ehrenamt) ▨ maßgeschnei-derte Konzepte und individu-elle Lösungen	▨ vorübergehen-de Freistellung anbieten ▨ mittels Telear-beit weiterbe-schäftigen ▨ an neuen Standort vermitteln ▨ Selbstständige als Dienstleister engagieren ▨ nach kreativen Wegen suchen, Mitarbeiter weiterhin einen Beitrag zum Geschäfts-erfolg leisten zu lassen	▨ gute Leute zurückzuholen zum erklärten Ziel machen ▨ kostengüns-tiges Personal-marketing dank Xing oder LinkedIn nutzen ▨ „passive Talent-Pools" ehemaliger Mitarbeiter bilden ▨ Multiplika-toreffekt relevanter Netzwerke nutzen ▨ Reichweite optimieren	▨ bei der Berufs-orientierung helfen ▨ Herausfinden eigener Stärken oder Lebensziele unterstützen ▨ Brüche und Diskontinui-täten im Lebenslauf akzeptieren ▨ langfristige, ganzheitliche Perspektive annehmen ▨ in die Entwick-lung junger Menschen investieren
Positiver Neben-effekt	Rentner sind als Eltern, Kon-sumenten und Multiplikatoren zu verstehen, die Einfluss auf Arbeitgebermarke, Absatzmärkte und berufliche Entscheidungen junger Talente haben.	Der Versuch, abgeworbene Mitarbeiter mit einem Gegen-angebot umzu-stimmen, kann ein wichtiges Signal setzen (und gibt Ein-blicke ins Angebot der Konkurrenz).	Ehemalige Mit-arbeiter zurück-zubringen spart Kosten von der Rekrutierung bis zur Einarbeitung, die Unsicherheit in Bezug auf die Eignung neuer Mitarbeiter ent-fällt.	Wer die Generati-on Z gut ausbildet und fit für die Zu-kunft macht, trägt wesentlich dazu bei, Wirtschaft und Gesellschaft zu stärken, un-abhängig vom eigenen Profit.

Praxisseite

Wie sieht es mit den Leistungsanreizen in Ihrem Unternehmen aus: Findet in diesem Bereich eine generationsspezifische Zielgruppensegmentierung statt?

_____

_____

_____

_____

Wie könnte das interne Performance-Management angepasst werden, um die Bedürfnisse der vier Generationen besser zu berücksichtigen?

_____

_____

_____

_____

Welche Maßnahmen würden die Arbeitsorganisation in Ihrem Unternehmen generationsspezifisch optimieren?

_____

_____

_____

_____

Wie könnte das Beschäftigungsende für Babyboomer, Xer, Ypsiloner und Zler so gestaltet werden, dass es zu einem positiven
Erlebnis wird?

_____

_____

_____

_____

Mit wem möchten Sie diese Thematik gezielt ansprechen,
um Veränderungen anzustoßen? Wer könnte Ihnen bei der
Umsetzung helfen?

_____

_____

_____

_____

Für Ihre Notizen:

_____

_____

_____

_____

6 Ausblick

Wenden wir uns noch einmal den wirtschaftlichen Konsequenzen für Unternehmen zu, die der demografische Wandel verursacht, und führen uns vor Augen, wie der richtige Umgang mit unterschiedlichen Generationen Abhilfe schaffen kann.

Wissensverlust   Den demografischen Daten in Deutschland können wir entnehmen, dass die Generation X zahlenmäßig nicht annähernd an die vorangehenden Babyboomer herankommt. Somit sind die Generationen Y und Z wichtige Nachfolger, um sowohl den drohenden Wissensverlust abzufangen als auch wichtige Positionen zu besetzen. Wie aber kann ihre Entwicklung schnellstmöglich beschleunigt werden? Wenn generationenübergreifende Teams am Arbeitsplatz nicht entsprechend entwickelt und motiviert werden, wird der durch den Wissensverlust – auch „Knowledge Drain" genannt – entstehende Schaden für ein Unternehmen kaum zu beziffern sein. Nur wer sich mit den einzelnen Generationen und ihren Eigenheiten auskennt, wird in der Lage sein, diesen Prozess zielführend und effektiv umzusetzen.

Fachkräfte-mangel   Verschiedene Generationen haben unterschiedliche Präferenzen und Ansprüche. Nur wer sie kennt, hat überhaupt den Hauch einer Chance, begehrte Arbeitskräfte für sein Unternehmen zu begeistern, sie intern zu entwickeln und langfristig zu halten. Der von Gallup veröffentliche Engagement Index 2014 rechnet vor, dass 15 Prozent der Beschäftigten in Deutschland innerlich gekündigt haben und die deutsche Wirtschaft jährlich zwischen 73 und 95 Milliarden Euro kosten. Weitere 70 Prozent der Arbeitnehmer machen lediglich Dienst nach Vorschrift. Laut Gallup wird die emotionale Mitarbeiterbindung unmittelbar vom Führungsverhalten des direkten Vorgesetzten beeinflusst. Wer Generationenvielfalt schätzt und pflegt, optimiert damit zugleich seine Führungskompetenz und die Zufriedenheit seiner Mitarbeiter.

Konfliktpotenzial

Wie wir den globalen Statistiken entnehmen können, wird die Generation Y den weltweiten Arbeitsmarkt in wenigen Jahren dominieren. Das mag uns willkommen sein oder auch nicht, es entspricht der Realität unserer globalisierten Welt und es wäre aus wirtschaftlicher Sicht ungeschickt, wenn nicht gar fahrlässig, diesen Aspekt zu ignorieren. Dennoch können auch die Ypsiloner nur in Zusammenarbeit mit den anderen Generationen leistungsstark operieren. Damit das Zusammenleben und -arbeiten reibungslos und zielgerichtet ablaufen kann, müssen die Vertreter verschiedener Generationen lernen, verständnisvoller miteinander umzugehen, sodass Mitarbeiter und Vorgesetzte ihre Aufmerksamkeit, Zeit und Energie dort fokussieren können, wo sie hingehören: nämlich aufs Kerngeschäft.

Der Mix macht's

Generationenvielfalt in der Arbeitswelt ist ein spannendes Thema, das uns alle angeht. Schlussendlich ist keine Generation besser oder schlechter als irgendeine andere. Jede Generation hat durch ihre spezifische Prägung typische Werte und Eigenschaften entwickelt, die sich generationsübergreifend ergänzen und sich gegenseitig beeinflussen. Dabei hat jede Perspektive ihre Berechtigung und Bedeutung sowohl im Organisationsgefüge als auch im Zusammenleben. Letzten Endes führt der Mix zum Erfolg.

Literaturverzeichnis

Bruch, Heike, Kunze, Florian und Böhm, Stephan: *Generationen erfolgreich führen: Konzepte und Praxiserfahrungen zum Management des demographischen Wandels* (uniscope. Publikationen der SGO Stiftung). Gabler Verlag, Wiesbaden 2009

Dahlmanns, Andreas: *Generation Y und Personalmanagement.* Rainer Hampp Verlag, Mering 2014

Deloitte: *Mind de gaps – The 2015 Deloitte Millennial survey* (Executive Summary). Deloitte 2015; erhältlich unter http://www2. deloitte.com/content/dam/Deloitte/global/Documents/About-Deloitte/gx-wef-2015-millennial-survey-executivesummary.pdf

Die McDonald's Ausbildungsstudie 2013 „Pragmatisch glücklich: AZUBIS zwischen Couch und Karriere". IfD Allensbach 2013; erhältlich unter http://www.presseportal.de/pm/52942/2552272

Klaffke, Martin (Hrsg.): *Generationen-Management.* Springer Gabler Verlag, Wiesbaden 2014

Mangelsdorf, Martina: *Generation Y.* GABAL Verlag, Offenbach 2014

Scholz, Christian: *Generation Z.* Wiley, Weinheim 2014

Studie „Burn-out im Kinderzimmer: Wie gestresst sind Kinder und Jugendliche in Deutschland? ". Universität Bielefeld 2015; erhältlich unter http://www.presseportal.de/pm/113164/3056160

Studie „Gen Y and Global Mobility". MOVE Guides 2013

Internet-Quellennachweise

http://demographie-netzwerk.de/demographie-fakten.html; eingesehen am 30.5.2015

http://www.demografische-chance.de/die-themen/themen-dossiers/demografie-international/blick-in-die-welt-welche-regionen-sind-wie-alt.html; eingesehen am 30. 5. 2015

http://www.bmas.de/SharedDocs/Downloads/DE/PDF-Publikationen/a756-arbeitsmarktprognose-2030.html; eingesehen am 30. 5. 2015

http://www.bundesregierung.de/Content/DE/_Anlagen/Demografie/publikation-demografiestrategie.pdf?_blob= publicationFile&v=4; eingesehen am 30. 5. 2015

http://www.census.gov/population/international/data/idb/informationGateway.php; eingesehen am 30. 5. 2015

http://www.weltbevoelkerung.de/aktuelles/details/show/details/news/zum-jahreswechsel-leben-7284283000-men-schen-auf-der-erde.html; eingesehen am 30. 5. 2015

http://www.welt.de/politik/deutschland/article118462221/Die-Generationen-in-Deutschland-entfremden-sich.html; eingesehen am 30. 5. 2015

http://www.gallup.com/de-de/181871/engagement-index-deutschland.aspx; eingesehen am 30. 5. 2015

http://arbeitgeber.monster.de/hr/personal-tipps/rekrutierung-verguetung/rekrutierung/guerilla-recruiting-87839.aspx; eingesehen am 10. 6. 2015 http://danschawbel.com/blog/39-of-the-most-interesting-facts-about-generation-z/; eingesehen am 27. 6. 2015

http://tedxtalks.ted.com/video/Hackschooling-Makes-Me-Happy-Lo; eingesehen am 27.6.2015

http://www.business-netz.com/Mitarbeiterfuehrung/Mitarbeiter-50plus-3-Fehler-im-Umgang-vermeiden; eingesehen am 27. 6. 2015

http://green.wiwo.de/generation-z-chef-mach-mal-ohne-mich/; eingesehen am 5. 7. 2015

http://www.pdcounsel.com/solution-multi-generational-challenges; eingesehen am 12.7. 2015

http://de.slideshare.net/sparksandhoney/generation-z-final-june-17; eingesehen am 12.7. 2015

http://gettinggenz.com; eingesehen am 12. 7. 2015

http://www.generationy.com; eingesehen am 12. 7. 2015

https://www.vton.de/work-life-balance; eingesehen am 12. 7. 2015

http://www.arbeit-und-alter.de/artikel/wohin-steuern-die-babyboomer; eingesehen am 12. 7. 2015

http://www.wissen.de/die-zukunftstrends-auf-dem-arbeitsmarkt; eingesehen am 12. 7. 2015

Sachwortverzeichnis

Die Autorin

Martina Mangelsdorf gründete 2012 das virtuelle Beratungsunternehmen GAIA Insights, das sich auf ganzheitliche Führungskräfteentwicklung spezialisiert hat. GAIA Insights bietet neben Beratung, Coaching und maßgeschneiderten Leadership Programmen auch das erste digitale Point-and-Click Abenteuerspiel an, das exklusiv designt wurde, um Nachwuchskräften Führungsqualitäten zu vermitteln. Alle Dienstleistungen werden ausschließlich auf Englisch angeboten. Ein globales Netzwerk an Partnern und Experten rundet das Angebot ab.

Kontakt:
GAIA Insights GmbH
info@gaia-insights.com
www.gaia-insights.com
www.teal-ocean.com

Sie finden GAIA Insights auch auf LinkedIn, Facebook und Twitter.

IMPULSGEBER UND KARRIEREBEGLEITER

GLEICH WEITERLESEN?

Unsere **Ratgeber zu Beruf und Karriere** liefern erprobte Strategien und begleiten Sie sowohl beim erfolgreichen Start ins Berufsleben als auch bei der Erreichung Ihrer persönlichen Karriereziele.

Scannen Sie den QR-Code und lassen Sie sich von unseren **Leseproben** zum nächsten **Schritt auf der Karriereleiter** motivieren. Ihr Lieblingsbuch bestellen Sie anschließend mit einem Klick beim Shop Ihrer Wahl!

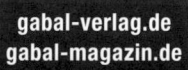
gabal-verlag.de
gabal-magazin.de

MITARBEITENDE FÖRDERN, UNTERNEHMEN VORANBRINGEN!

GLEICH WEITERLESEN?

In unseren **Businessbüchern** teilen Expertinnen und Experten aus der Praxis ihr Wissen rund um die Themen Unternehmertum, strategisches Management und Mitarbeiterführung.

Scannen Sie den QR-Code und finden Sie in den **Leseproben unserer Businessbücher** Impulse, die Sie und Ihr Unternehmen voranbringen. Ihr Lieblingsbuch bestellen Sie anschließend mit einem Klick beim Shop Ihrer Wahl!

gabal-verlag.de
gabal-magazin.de

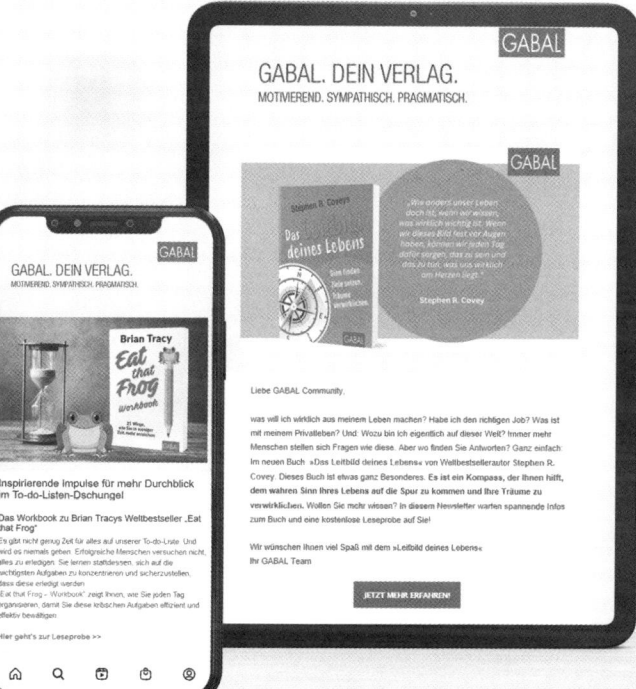

GABAL.
Wissen vernetzen

20%

> „Austausch, Praxisnähe, Inspiration und Professionalität – dafür ist GABAL e.V. mit seinen Angeboten ein Garant."
>
> *(Anna Nguyen, Unternehmerin)*

WEITERKOMMEN & DAZULERNEN

Der GABAL Verband ist seit 1976 ein Netzwerk für Menschen, die sich gegenseitig unterstützen, um persönlich und unternehmerisch erfolgreicher zu werden.

3 GUTE GRÜNDE

Warum auch Du dabei sein solltest:

1. Erhalte neue Impulse und Strategien auf regionalen und nationalen Veranstaltungen mit White Papers, Webinaren, Newsletter und Printmagazinen.

2. Bewege dich mit in der Weiterbildungsszene – und lerne Kolleginnen und Kollegen aus Training – Coaching – Beratung kennen. Multipliziere deine Kontakte zu Führungskräften und zu unternehmerisch Tätigen.

3. Profitiere von wertvollen Vorteilen, wie das Fachmagazin neues lernen, dem jährlichen Buchgutschein, Vergünstigungen auf viele Produkte und Dienstleistungen.

Werde jetzt Mitglied:
www.gabal.de/mitglied-werden

GABAL e.V.
www.gabal.de